图1-7 网络拓扑图实物展示系统

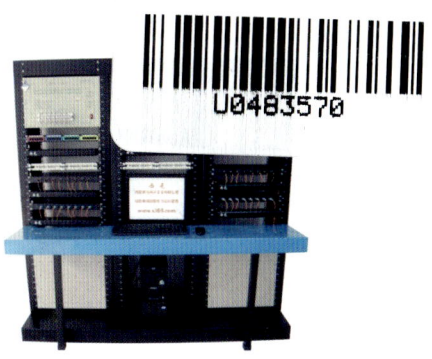
图1-27 西元网络综合布线故障检测实训装置

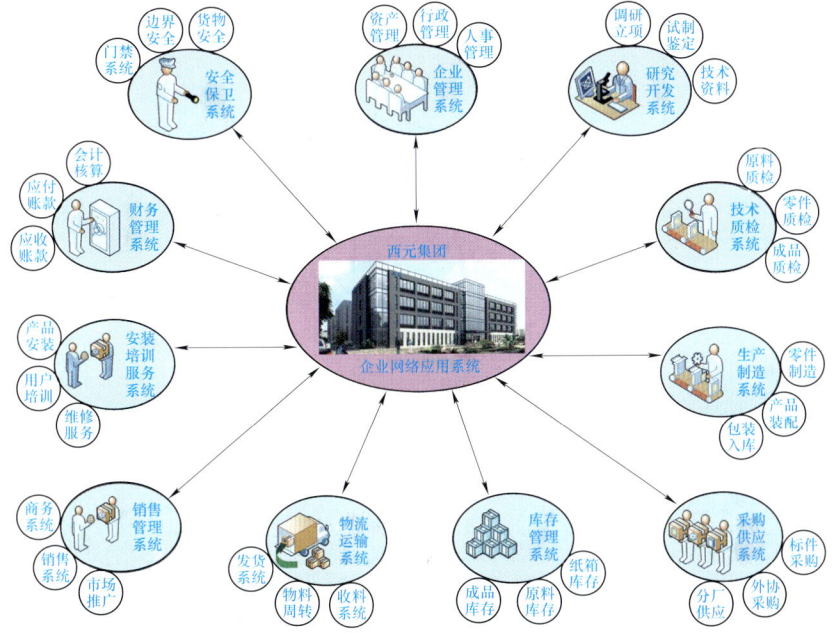
图1-29 西元集团网络应用模型图

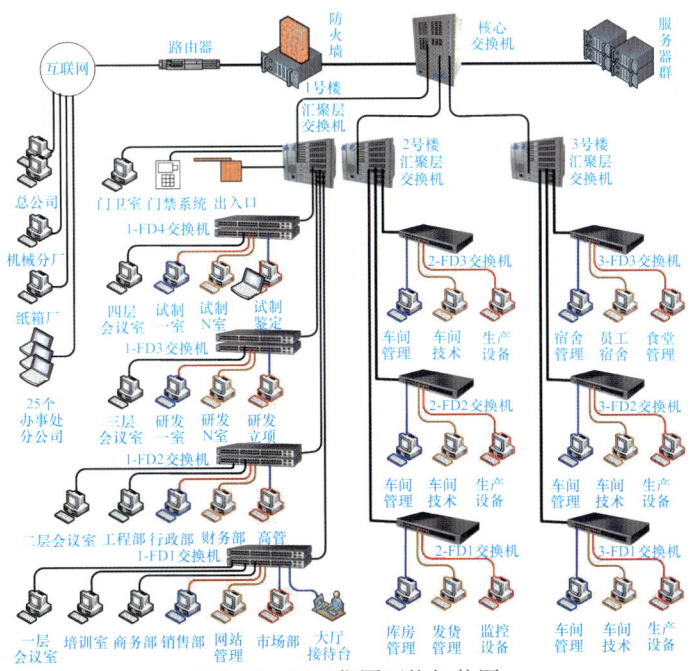
图1-30 西元集团网络拓扑图

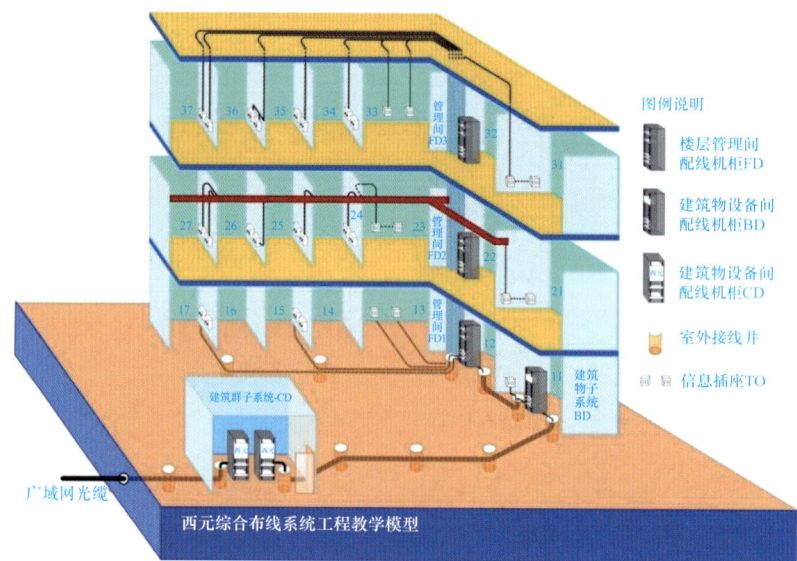

图2-2a　西元综合布线系统工程教学模型

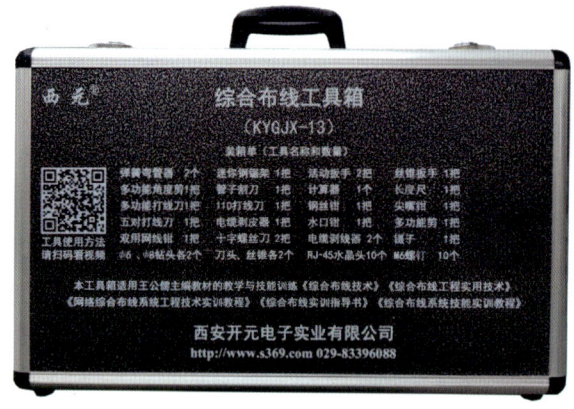
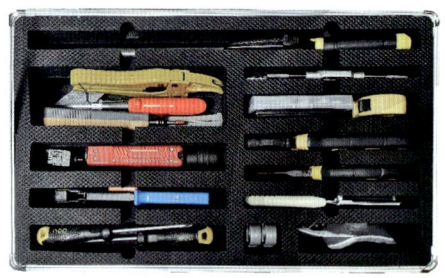

表3-2　综合布线工具箱（KYGJX-13）

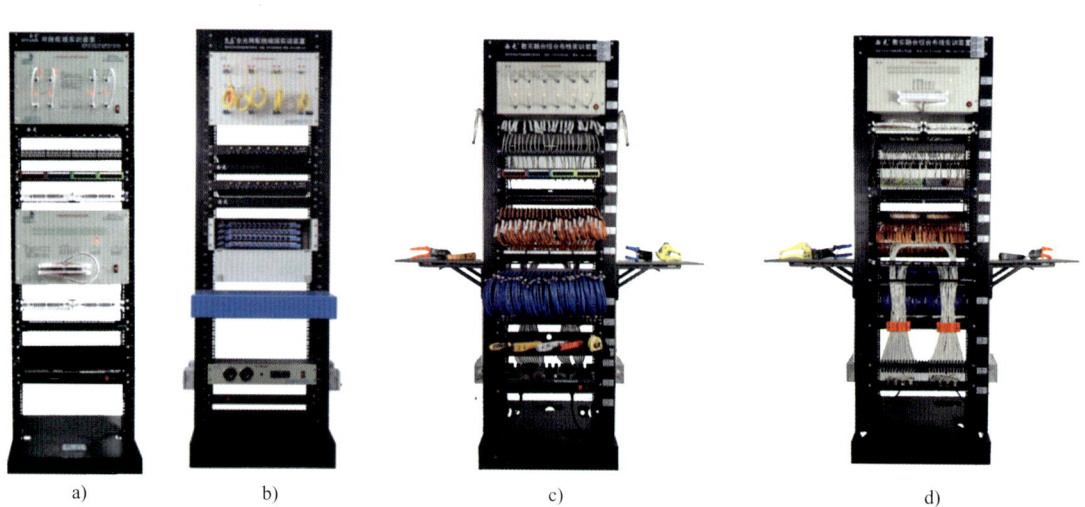

图3-67　"西元"配线实训装置系列产品

a）KYPXZ-01-52　b）KYPXZ-02-06　c）KYPXZ-01-55正面　d）KYPXZ-01-55背面

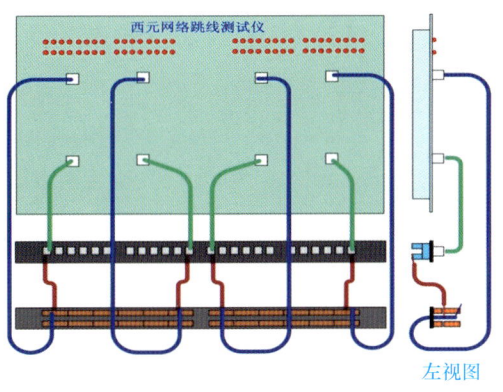

图3-72 测试链路的路由示意图

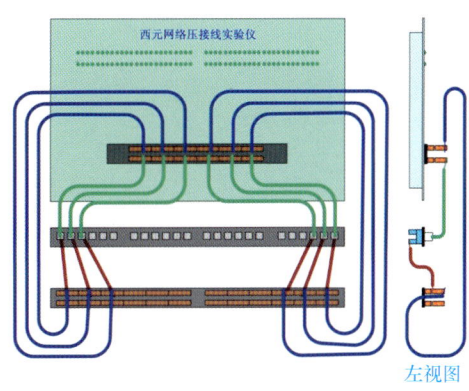

图3-77 复杂链路的路由示意图

图4-2 光纤熔接机

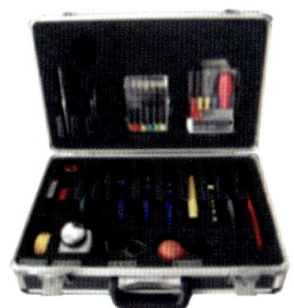

图4-10 西元光纤工具箱（左）

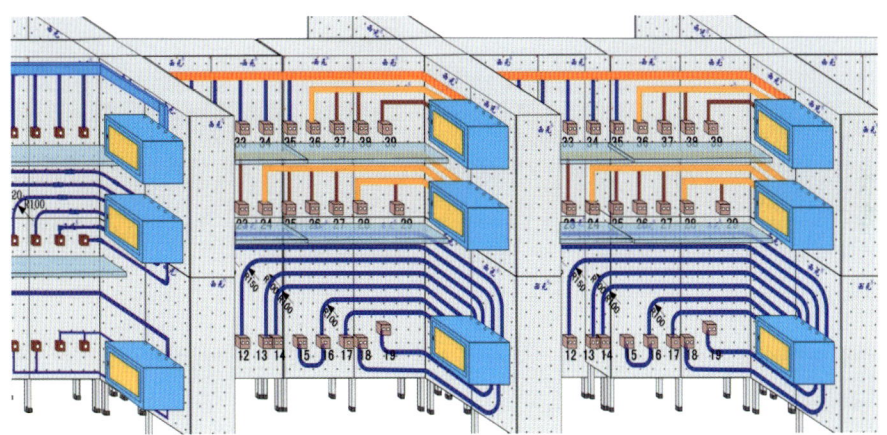

图5-1 IT工程技术实训平台结构示意图

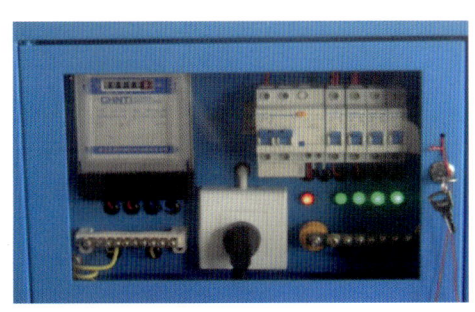

图8-21 电气配电箱

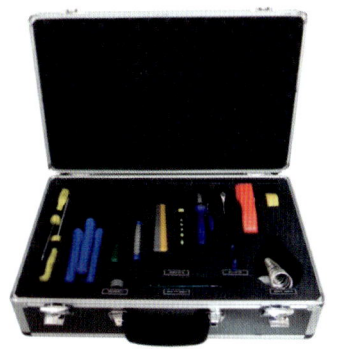

图8-22 智能化系统工具箱（左）

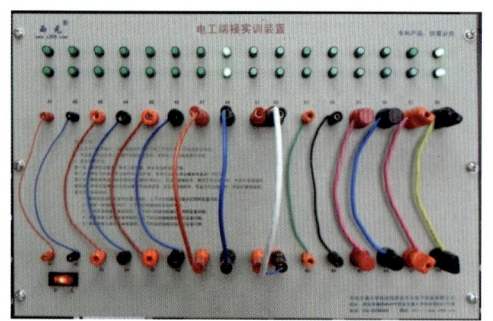
图8-17 电工端接实训装置

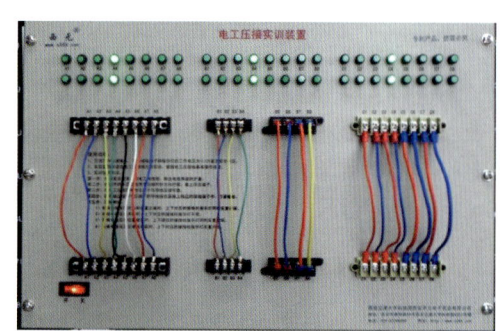
图8-18 电工压接实训装置

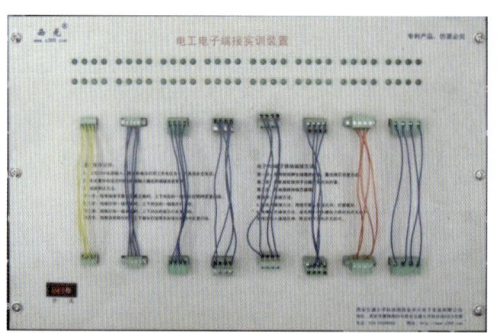
图8-19 电工电子端接实训装置

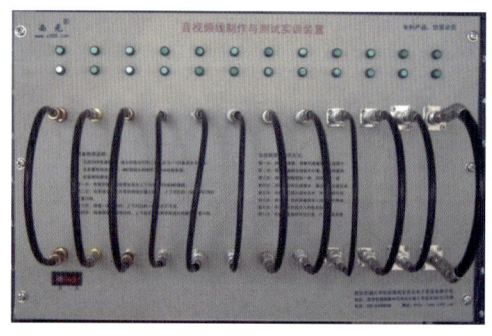
图8-20 音视频线制作与测试实训装置

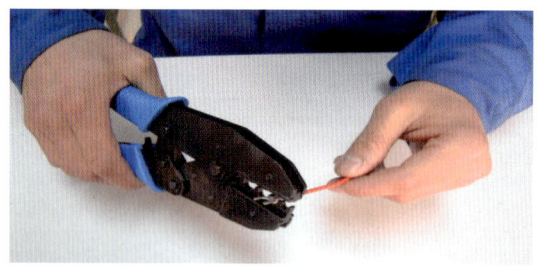
图8-45 冷压端子的压接

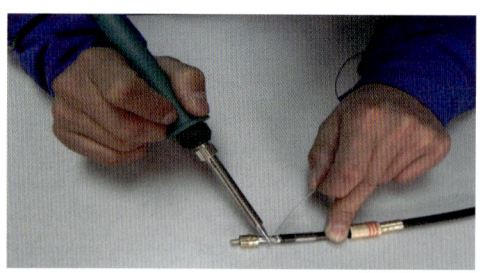
图8-51 音视频接头的焊接（左）

a）

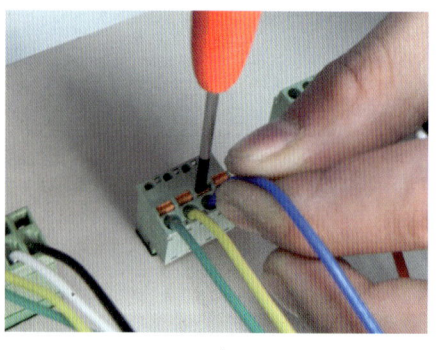
b）

图8-49 PCB式接线端子端接方法
a）螺钉式端接 b）免螺钉式端接

计算机网络技术专业职业教育新课改教程
职业院校计算机技能大赛推荐教材
1+X职业技能等级证书（综合布线系统安装与维护）书证融通系列教材

综合布线实训指导书

第 3 版

主　编　王公儒

副主编　杨　阳　杨怡滨

参　编　于　琴　蒋　晨　纪　刚

机械工业出版社

本书为《网络综合布线系统工程技术实训教程》配套的实训指导书，也可作为短课时教材，第1版在2012年出版，本次为第3次修订出版。本书重点安排了9个实训单元，包括网络拓扑图规划和设计实训、综合布线系统工程设计实训、综合布线工程配线端接技术实训、光纤熔接技术实训、综合布线工程安装施工技术实训、综合布线工程常见故障检测与维修技术实训、综合布线工程管理与竣工资料实训、电工配线端接技术实训及综合实训。

本书作为专门的实训指导书，每个单元都包含了该实训项目的基本概念、基本操作方法、工程应用、实训设备、实训步骤等内容，以适应职业培训的特色，培养职业技能。同时每个实训项目中都附有评价打分表和实训报告，方便教学评判。

本书图文并茂，叙述由浅入深、循序渐进；内容上系统全面、重点突出；概念上清晰、通俗易懂，是一本针对性、实用性很强的实训指导教材。

本书可作为各类职业院校计算机网络技术专业、计算机应用专业、通信类、建筑智能化类等专业的教材，也可作为计算机、通信、智能管理等领域工程技术人员的参考用书，还可作为岗位技能和职业技能鉴定的培训教材。

本书配有电子课件等教学资源，选用本书作为授课教材的教师可登录机械工业出版社教育服务网（www.cmpedu.com）注册后免费下载，或联系编辑（010-88379194）咨询。

图书在版编目（CIP）数据

综合布线实训指导书 / 王公儒主编. -- 3 版.
北京：机械工业出版社，2024.7. --（计算机网络技术专业职业教育新课改教程）（职业院校计算机技能大赛推荐教材）(1+X 职业技能等级证书（综合布线系统安装与维护）书证融通系列教材). -- ISBN 978-7-111-75975-1

Ⅰ. TP393.03
中国国家版本馆 CIP 数据核字第 2024K3E865 号

机械工业出版社（北京市百万庄大街22号　邮政编码100037）
策划编辑：李绍坤　　　　　　责任编辑：李绍坤　张星瑶
责任校对：曹若菲　薄萌钰　　封面设计：鞠　杨
责任印制：常天培
固安县铭成印刷有限公司印刷
2025 年 1 月第 3 版第 1 次印刷
184mm×260mm・11.5 印张・2 插页・264 千字
标准书号：ISBN 978-7-111-75975-1
定价：39.00 元

电话服务　　　　　　　　　　网络服务
客服电话：010-88361066　　　机　工　官　网：www.cmpbook.com
　　　　　010-88379833　　　机　工　官　博：weibo.com/cmp1952
　　　　　010-68326294　　　金　书　网：www.golden-book.com
封底无防伪标均为盗版　　机工教育服务网：www.cmpedu.com

前　言

《综合布线实训指导书》第1版在2012年出版，第2版在2021年修订出版。本次第3版根据现行高等职业教育相关专业教学标准、专业实训教学条件建设标准和多校的人才培养方案等规定修订改版，内容更新追求时代适应性，突出行业最新技术，体现岗课赛证与综合育人等，包括新增或更新了行业新技术、新标准、新工艺、新设备和新工具等内容。

综合布线技术涉及计算机网络、通信和智能管理等领域，随着数字化城市和智能建筑的快速发展，急需大批具有综合布线技术技能的专业人才。对于高校和职业院校计算机网络技术专业、计算机应用专业、通信类、建筑智能化类专业的学生，必须具有综合布线的相关知识，掌握综合布线设计、施工及测试的相关技术技能，为了指导综合布线技术教学，作者根据西安开元电子实业有限公司开发的网络综合布线类专利产品，结合多年的工程经验编写了本指导书。

本书突出实际操作与理论相结合，技能与经验相结合，实训与就业相结合，图文并茂、好学易记的原则，围绕工程关键技术技能需求，安排了比较完整的实训体系，指导教学实训，指导实训室的正确使用。本书重点介绍了网络拓扑图的规划设计、综合布线系统工程设计与安装施工和测试技术，特别增加了电工配线端接技术原理和安装操作步骤与方法的实训，使读者熟练掌握综合布线和电工配线端接技术。

全书共9个单元，实训单元1为网络拓扑图的规划与设计实训，实训单元2为综合布线系统工程的设计实训，实训单元3为综合布线工程配线端接技术实训，实训单元4为光纤熔接技术实训，实训单元5为综合布线工程安装施工技术实训，实训单元6为综合布线工程常见故障检测维修技术实训，实训单元7为综合布线工程管理与竣工资料实训，实训单元8为电工配线端接技术实训，实训单元9为综合实训。在每个实训单元中首先介绍了基本概念和技术原理，然后安排了多个实训项目，介绍了工程技能与经验。每个实训项目都详细给出了实训工具、实训设备、实训材料、实训课时、实训过程、实训质量评分表、实训报告等内容，方便教学。

本书采用校企合作方式编写，王公儒任主编，杨阳、杨怡滨任副主编，参编人员有于琴、蒋晨、纪刚。王公儒对全书进行了再次梳理和增减，将技能和经验以视频形式生动展现，使教学内容更加丰富多彩，实训轻松快乐。

本书配套视频可扫描相应二维码观看，更多视频和教材等实时更新资料，请访问主编人单位西安开元电子实业有限公司官网（http://www.s369.com/jxzy），单击网站首页"教学资源"栏目选择下载。

本书为《网络综合布线系统工程技术实训教程　第5版》配套教材。征订信息如下：

《网络综合布线系统工程技术实训教程　第5版》，王公儒主编。

ISBN：978-7-111-75753-5。

编者意在为读者奉献一本实用的、具有特色的实训指导书，由于本书涉及多个专业技术领域，如有不妥之处，请广大读者给予批评指正，编者联系方式s136@s369.com。

编　者

二维码索引

名　　称	二　维　码	页　码
实训单元2　综合布线系统工程设计实训		26
实训单元3　综合布线工程配线端接技术实训		55
实训单元4　光纤熔接技术实训		78
实训单元5　综合布线工程安装施工技术实训		93
综合布线工具箱介绍		64
光纤熔接机菜单设置		81
光纤熔接机的维护及保养		81

目　　录

前言

二维码索引

实训单元1　网络拓扑图的规划与设计实训 1

1.1　网络拓扑图的概念 1
1.2　网络拓扑图的组成结构 3
1.3　网络拓扑图的设计方法 5
1.4　综合布线系统设计与工程技术 7
实训项目1　工作组级网络拓扑图的规划与设计实训 8
实训项目2　部门级网络拓扑图的规划与设计实训 10
实训项目3　园区级网络拓扑图的规划与设计实训 12
实训项目4　企业级网络拓扑图的规划与设计实训 15

实训单元2　综合布线系统工程设计实训 26

2.1　综合布线系统的设计项目 26
2.2　综合布线工程的设计要点 28
2.3　更多综合布线系统设计知识和设计方法 32
2.4　工程经验 32
实训项目5　点数统计表设计实训 33
实训项目6　端口对应表设计实训 37
实训项目7　综合布线系统图设计实训 40
实训项目8　综合布线系统施工图设计实训 44
实训项目9　综合布线系统工程材料统计表设计实训 46
实训项目10　综合布线工程预算表设计实训 49
实训项目11　综合布线系统工程施工进度表设计实训 52

实训单元3　综合布线工程配线端接技术实训 55

3.1　网络配线端接的重要性 55
3.2　配线端接技术原理和方法 56
3.3　配线端接实训设备及工具介绍 61
3.4　综合布线工程技术与应用 67
3.5　工程经验 68
实训项目12　网络跳线制作和测试实训 68
实训项目13　测试链路端接和测试实训 72
实训项目14　复杂链路端接和测试实训 75

实训单元4　光纤熔接技术实训 78

4.1　光纤熔接原理 78
4.2　光纤熔接机与配套器材、工具介绍 79
4.3　光纤传输原理与光纤熔接工程技术 84
4.4　工程经验 84
实训项目15　光纤熔接技术实训 86

实训单元5　综合布线工程安装施工技术实训 93

5.1　综合布线系统工程安装施工步骤 93
5.2　网络综合布线实训设备及工具介绍 95
5.3　综合布线系统工程安装技术 98
5.4　工程经验 98
实训项目16　信息插座安装实训 100
实训项目17　PVC线管安装实训 105
实训项目18　PVC线槽安装实训 108
实训项目19　PVC线管/线槽组合式安装实训 111
实训项目20　网络设备安装实训 115
实训项目21　网络机柜安装实训 118

实训单元6　综合布线工程常见故障检测与维修技术实训 123

6.1　综合布线系统工程常见故障和维修方法 123
6.2　综合布线故障检测实训设备介绍 124
6.3　综合布线系统工程测试技术 127
6.4　工程经验 127
实训项目22　综合布线工程故障检测与维修技术实训 128

实训单元7　综合布线工程管理与竣工资料实训 137

7.1　综合布线系统工程管理 137
7.2　综合布线系统工程管理内容 138
7.3　综合布线系统工程竣工资料 138
7.4　工程经验 139
实训项目23　综合布线工程竣工资料实训 139

实训单元8　电工配线端接技术实训 141

8.1　常用线缆的分类及选用 141
8.1.1　线缆的分类 141
8.1.2　线缆的选用 146
8.2　电工配线端接技术基本操作方法 147

8.3 电工配线端接设备及工具介绍...151
8.4 工程经验...156
实训项目24　电工端接实训...157
实训项目25　电工压接实训...159
实训项目26　电工电子端接实训...162
实训项目27　音视频线制作与测试实训...165

实训单元9　综合实训

实训项目28　网络跳线制作实训...168
实训项目29　测试链路端接实训...168
实训项目30　复杂永久链路端接实训...169
实训项目31　光纤熔接实训...169
实训项目32　配线子系统线管和线槽安装实训...170
实训项目33　电工配线端接实训...172

参考文献...173

实训单元1
网络拓扑图的规划与设计实训

在实际计算机网络系统工程设计和安装中，网络系统必须依靠综合布线系统才能实现，所以综合布线系统图直接决定网络拓扑结构图。但是综合布线系统图的规划设计一般在园区和建筑物土建设计阶段进行，往往早于网络系统的规划与设计，因此在综合布线系统图的规划和设计中，必须首先明确用户的需求，按照用户的需求进行规划和设计网络拓扑图，然后设计综合布线系统图和各个子系统。本单元着重介绍网络拓扑图的基本概念、结构、绘制方法、规划设计与实训。

◆ 学习目标

1）了解网络拓扑图的基本概念和结构。
2）掌握网络拓扑图的规划设计方法。

1.1 网络拓扑图的概念

计算机网络系统是信息传输、接收、共享的虚拟平台，通过它把各个点、面、体的信息联系到一起，从而实现这些资源的共享。在网络系统建设、网络管理及解决网络问题时，需要一个能够直观显示整个网络的连接状况、位置分布等信息的图样，这就是网络拓扑图。网络拓扑图能够反映网络中各实体间的结构关系，能够分层次或分地域显示网络设备类型及其位置。网络拓扑图的设计对整个网络的性能有重大影响。

拓扑结构一般是指点和线的几何排列组成的图形。计算机网络的拓扑结构是指一个网络的通信链路和结点的几何排列或物理布局图形。链路是网络中相邻两个结点之间的物理通路，结点表示计算机和有关的网络设备，也可以表示一个网络。按照拓扑结构，计算机网络可分为以下5类。

（1）星形网络

星形网络是以中央结点为中心与各结点连接组成的，多结点与中央结点通过点到点的方式连接，如图1-1所示。在这种拓扑结构中，中央结点执行集中式控制策略，因此中央结点相当复杂，负担也比其他各结点重得多。

星形网络的主要特点是：网络结构简单，便于管理；控制简单，建网容易；网络延迟时间较短，误码率低。但是其网络共享能力较差，通信线路利用率不高，中央结点负荷太重。

（2）树形网络

在实际组建一个大型网络时，往往是采用多级星形网络，将多级星形网络按层次方式排列即形成树形网络，如图1-2所示。我国电话网络即采用树形结构，由5级星形网络构成。互联网（Internet）从整体上看采用的也是树形结构。

图1-1　星形网络　　　　　　　　　　图1-2　树形网络

树形网络的主要特点是：结构比较简单、成本低；在网络中，任意两个结点之间不产生回路，每个链路都支持双向传输；网络中结点扩充方便灵活，寻找链路路径比较方便。但在这种网络拓扑结构中，除叶子结点及与其相连的链路外，任何一个结点或链路产生的故障都会影响整个网络。

（3）总线型网络

由一条高速公用总线连接若干个结点所形成的网络即为总线型网络，如图1-3所示。总线型网络的主要特点是：结构简单灵活、便于扩充，是一种很容易组建的网络；多个结点共用一条传输信道，信道利用率高；传输速率高，可达1～100Mbit/s。但总线型网络各个结点之间容易产生访问冲突，常因一个结点出现故障（如接头接触不良）而导致整个网络不通，因此可靠性不高。

（4）环形网络

环形网络中各结点通过环路接口连在一条首尾相连的闭合环形通信线路中，如图1-4所示。环形网络的主要特点是：数据在网络中沿固定方向流动，两个结点间仅有唯一的通路，大大简化了路径选择的控制；某个结点发生故障时，可以自动旁路，可靠性较高；数据串行穿过多个结点环路接口，当网络确定时，延时固定，实时性强。但是当结点过多时，网络响应时间变长。

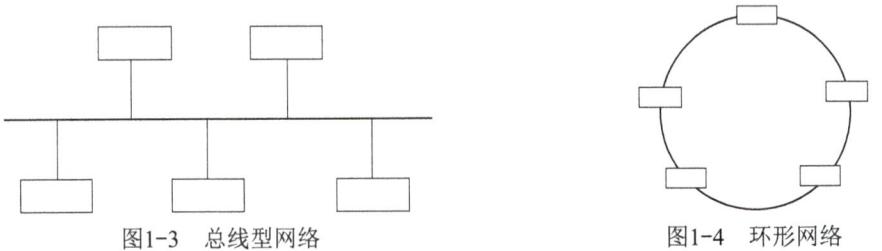

图1-3　总线型网络　　　　　　　　　　图1-4　环形网络

环形网络也是局域网常用的拓扑结构之一，如企业实时信息处理系统、工厂生产自动化系统以及某些校园网的主干网等。

（5）网状形网络

网状形网络是广域网中最常采用的一种网络形式，是典型的点到点结构，如图1-5所示。网状形网络的主要特点是：网络可靠性高，一般通信子网中任意两个结点交换机之间存在两条或两条以上的通信路径，当一条路径发生故障时可以通过另一条路径把数据送到结点交换机；可扩充性好，无论是增加新功能还是将新的计算机入网以形成更大或更新的网络都比较方便；网络可建成各种形状，结点之间的通信可使用多个通信信道和数据传输速率。

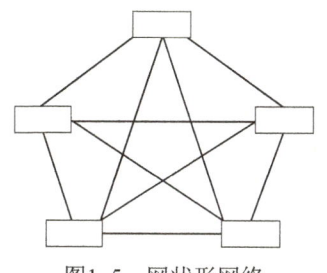

图1-5 网状形网络

1.2 网络拓扑图的组成结构

在网络应用系统工程项目中,必须规划和设计正确的网络拓扑图,因为网络拓扑图能够直观清楚地反映网络应用系统的基本连接关系、主要设备和主要功能。网络拓扑图的基本结构如图1-6所示。

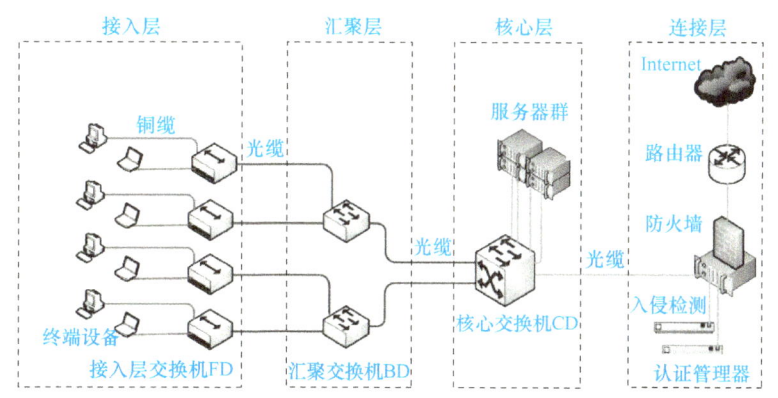

图1-6 网络拓扑图的基本结构

按照网络系统的应用需求和安装位置,网络拓扑图一般分为4层。

第1层为连接层,主要功能是将外网与内网安全地连接,主要设备有路由器、防火墙、入侵检测、认证管理器等。

第2层为核心层,主要功能是对园区内部或者多栋建筑物进行网络交换和管理,主要设备有服务器群和核心交换机CD等。

第3层为汇聚层,主要功能是对1栋建筑物或者1个区域内部进行网络交换和管理,主要设备有汇聚交换机BD等。

第4层为接入层,主要功能是对1个楼层或者1个区域内部进行网络交换和管理,主要设备有终端设备和接入层交换机FD等。

以西元网络拓扑实物展示系统KYMX-01-04来介绍网络拓扑图结构,实物展示了CD—BD—FD—TO网络传输路由和原理,如图1-7所示。

在网络拓扑图实物展示系统图中全面展示了网络系统的核心层、汇聚层和接入层。图中,最右侧为核心交换机CD,属于建筑群子系统,CD左侧为两台汇聚层交换机BD,属于建筑物设备间子系统,最左侧4台为接入层交换机FD,属于楼层管理间子系统。CD到BD之间采用光缆连接,BD到FD之间采用铜缆连接。

图1-7 网络拓扑图实物展示系统（见彩图）

设计一个网络的时候应根据实际情况选择正确的拓扑结构，通常使用的是树形拓扑结构，如图1-8所示。

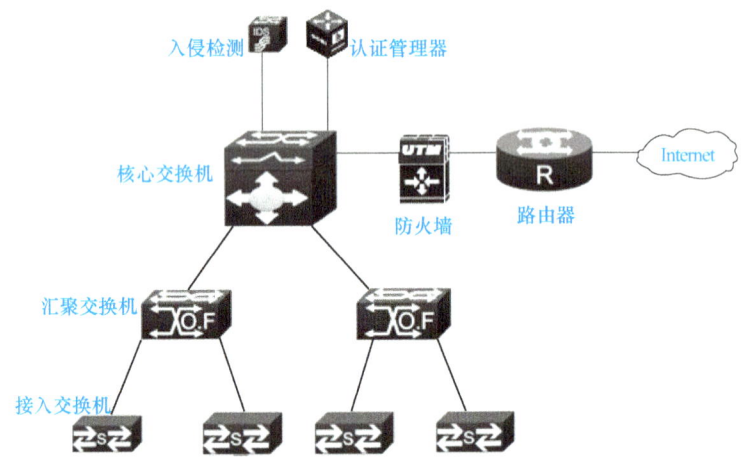

图1-8 树形拓扑结构

该网络拓扑图中的网络设备包括路由器、防火墙、交换机等。

路由器是连接互联网中各局域网、广域网的设备，它会根据信道的情况自动选择和设定路由，以最佳路径按顺序发送数据。

防火墙是一个由软件和硬件设备组合而成、在内部网和外部网之间、专用网与公共网之间的界面上构造的保护屏障，是一种获取安全性方法的形象说法。它是一种计算机硬件和软件的结合，在Internet与Intranet之间建立起一个安全网关（Security Gateway），从而保护内部网免受非法用户的侵入。防火墙主要由服务访问规则、验证工具、包过滤和应用网关4个部分组成，防火墙最基本的功能就是控制在计算机网络中不同信任程度区域间传送的数据流。

交换机是一种用于电信号转发的设备，是网络节点上话务承载装置、交换级、控制和信令设备以及其他功能单元的集合体。交换机能把用户线路、电信电路和（或）其他要互连的功能单元根据单个用户的请求连接起来，进行网络信息交换。

交换机在网络系统中按照功能级别可以分为核心交换机、汇聚交换机、接入交换机。核心交换机用于网络第一层（即核心层）的信息交换，一般用在建筑群网络信息中心。汇聚交换机用于二级交换层（即汇聚层），是多台接入层交换机的汇聚点，它必须能够处理来自接入层设备的所有通信量，并提供到核心层的上行链路。接入交换机用于网络接入层的信息交换，一般安装在楼层管理间。

1.3 网络拓扑图的设计方法

在智能建筑设计中，设计院一般使用CAD软件进行设计。由于计算机专业没有CAD专业课程，这里以Visio软件为例介绍网络拓扑图设计的主要步骤。

Visio软件是一种高级绘图软件，可以绘制流程图、网络拓扑图、组织结构图等。它功能强大，易于使用，可以帮助网络工程师创建商业和技术方面的图形，对复杂的概念、过程及系统进行组织和文档备案。Visio还可以通过直接与数据资源同步自动化数据图形提供最新的图形，也可以由用户定制来满足特定需求。

下面是绘制网络拓扑图的主要步骤。

1）运行Visio软件，在打开的窗口左边"模板类别"列表中选择"网络"选项，然后在右边窗口中选择一个对应的选项，如图1-9所示。或者在Visio主界面中选择"新建"→"网络"菜单下的某项命令进入软件绘图界面，如图1-10所示。

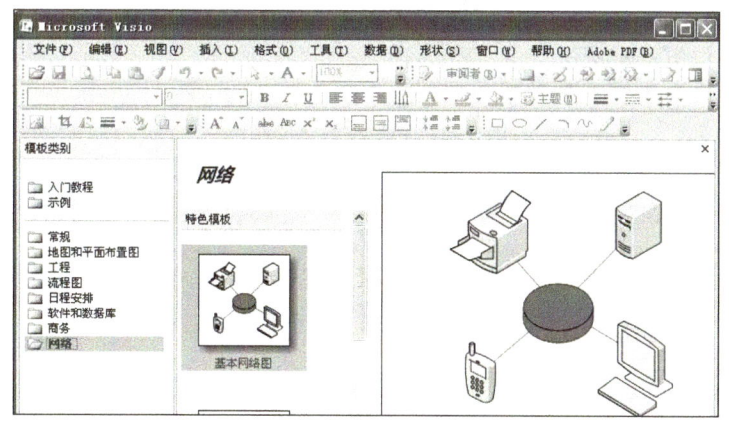

图1-9　Visio主界面

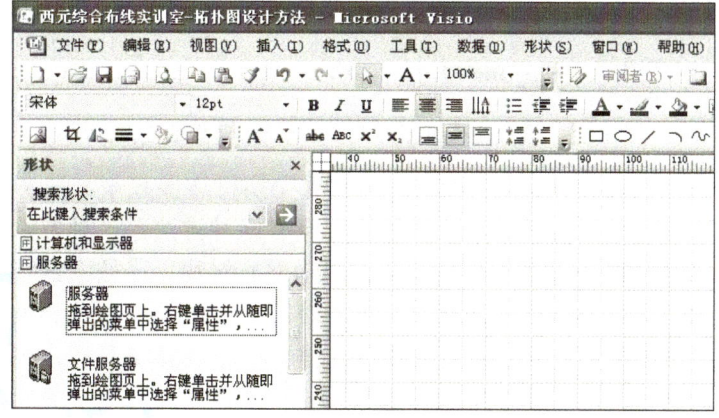

图1-10　软件绘图界面

2）在左边列表的"形状"中选择"网络和外设"选项，再选择"交换机"项，按下鼠标左键把交换机形状拖到绘图区窗口中的相应位置，然后松开鼠标左键，得到一个交换机图形，如图1-11所示。可以在按下鼠标左键的同时拖动四周的绿色方格来调整图形大小，在按下鼠标左键的同时旋转图形顶部的绿色小圆圈可以改变图形的摆放方向。当把鼠标放在图形上时会出现4个方向箭头，此时按下鼠标左键拖动箭头可以调整图形的位置。调整后的交换机图形如图1-12所示。

3）设备标注。双击设备图形为交换机标注名称或型号，图形下方会显示一个小的文本框，此时可以输入交换机名称、型号或其他标注。

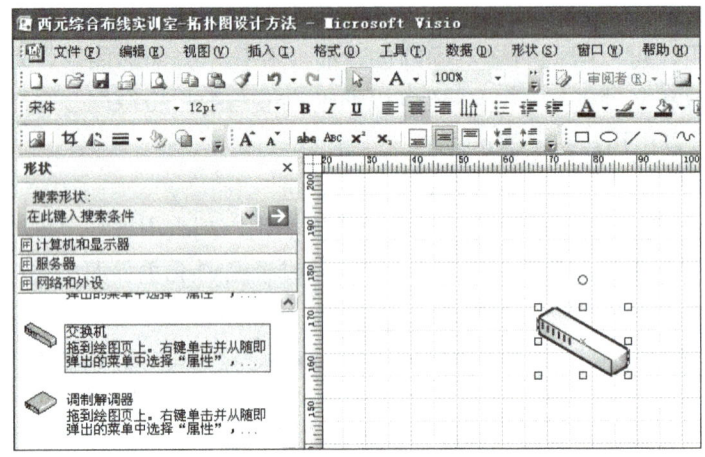

图1-11　图形拖放到绘图区

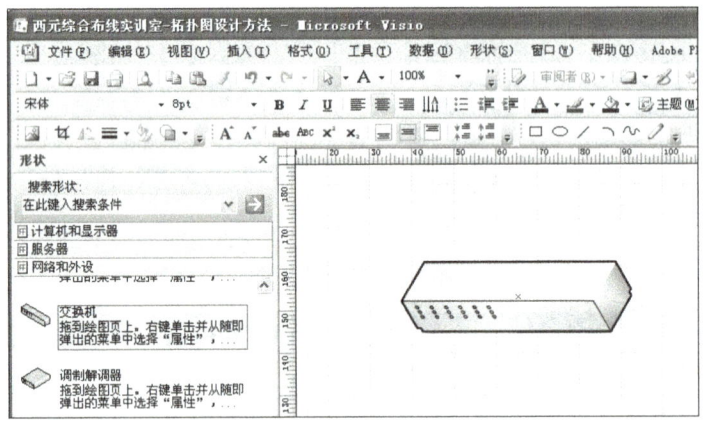

图1-12　调整交换机图形大小、方向和位置后的图形

4）以同样的方法添加一台服务器，并把它与交换机连接起来。服务器的添加方法与交换机一样，在此只介绍设备间的连接方法。连接有两种方法：一种方法是单击左边列表"形状"中的"基本形状"选项，在其中选择"动态连接线"，按下鼠标左键把形状拖到绘图区窗口中的相应位置，然后松开鼠标左键，将连接线两端与设备相连即可；另一种方法是使用工具栏"绘图"中的"线条工具"进行连接，选择该工具后，在需要连线的设备处单击，移动光标至另一个需要连接的位置松开鼠标左键，即可连接成功。交换机与一台服务器的连接如图1-13所示。

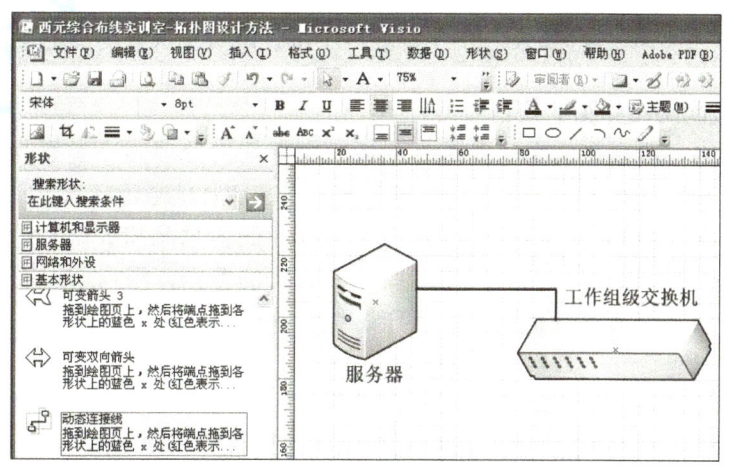

图1-13　交换机与一台服务器的连接

5）把其他设备图形逐一添加并与网络中的相应设备图形连接起来。设备图形可在左边图形列表中的不同类别选项栏中选择。如果左边已显示的类别中没有，则可通过选择菜单"文件"→"形状"命令打开其他类别选择列表，添加其他类别并显示在左边窗口中。使用Visio绘制的简单网络拓扑结构示意图如图1-14所示。

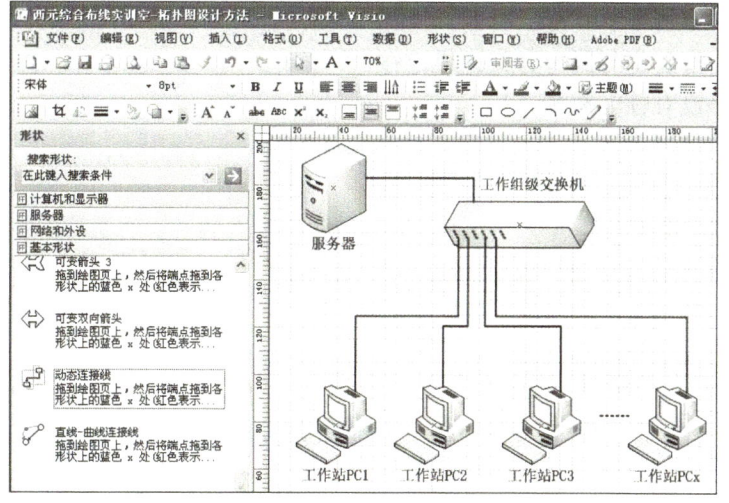

图1-14　简单网络拓扑结构示意图

1.4　综合布线系统设计与工程技术

在实际计算机网络系统工程设计和安装中，一般是综合布线系统图直接决定网络拓扑图，因为网络系统必须依靠综合布线系统才能实现，因此在设计网络拓扑图之前，应该熟悉综合布线系统设计知识与工程技术等，相关设计知识与工程技术请参考本书配套的《网络综合布线系统工程技术实训教程　第5版》，该书由王公儒主编，机械工业出版社出版，封面和书号详见本书封底。

实训项目1　工作组级网络拓扑图的规划与设计实训

1．工作组级网络拓扑图的规划

工作组级网络一般指在一个空间或者附近几个空间内处理同一类型业务的人员使用的办公网络系统，虽然人数较少，但相互之间业务联系密切且信息流较大。

工作组级网络是企业中最基础的网络单元，企业的信息流和数据流都从工作组级网络产生。不同的工作组级网络可能对网络的要求有较大的差别，组内和组间的联系紧密程度不一样。在进行网络的需求分析时，对工作组级网络的分析应尽量详细，力求获得较为准确的需求描述。

对于网络组建来说，依据组内的实际需求和各组间的综合需求，设计一个配置合理、在实际应用中可获得较高运行效率的组级网络是其主要目的。

根据实际的需要，工作组级网络主要采用10/100Base-T(X)技术来组建。工作组级网络的计算机环境一般应以客户机/服务器的模式建立，服务器的选择依实际情况而定，通常没有本地服务器，若确实需要也可配置。工作组级网络必须有与上一级网络互联的端口。

在设计工作组级网络时，需要明确工作组中的PC数量、信息流大小、信息点类型等。合理设计工作组级网络，可明显提高网络性能。

工作组级网络的设计要求和设计思路如下：

（1）设计要求

1）所有网络设备都与同一台交换机连接。

2）整个网络没有性能瓶颈。

3）有一定的扩展余地。

（2）设计思路

1）确定网络设备总数。

2）确定交换机端口类型和端口数。

3）保留一定的网络扩展所需端口。

4）确定可连接工作站总数。

工作组级网络拓扑图如图1-15所示，虚线框内为工作组级网络系统，由PC 1～PC x等业务联系密切的多台计算机、工作组交换机以及工作组服务器组成，并且与上一级汇聚交换机互联。

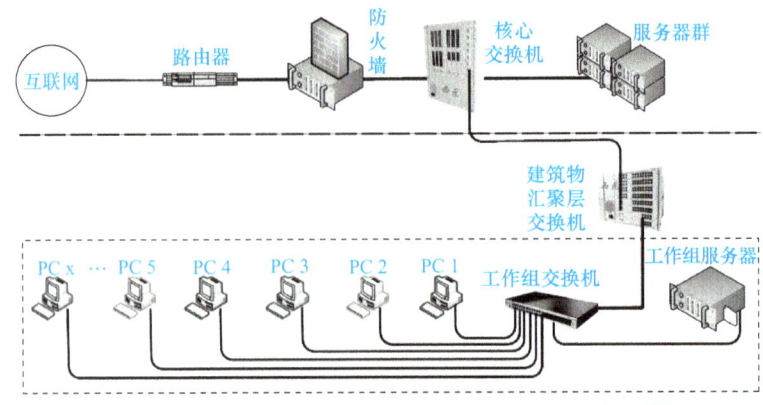

图1-15　工作组级网络拓扑图1

工作组级网络一般都设有专用的工作组交换机，目的是便于工作组成员之间方便、快捷地进行内部交流。这样使得每个工作组的数据通信都在其内部进行，不必占用主干网络，大大节省了主干网络的带宽。

2．工程应用案例

工作组级网络随处可见，例如，学校的教学组、企业部门中的一个工作组等，在这里以西元集团销售部的商务组为例介绍工作组级网络拓扑图的设计。

首先进行需求分析，了解商务组人员数量，确定工作站的数量。

西元集团在全国有25个直属办事处和分公司，商务部负责项目投标资料、商务合同和法律事务等。在网络设计时，可以考虑每个办事处对应1个商务，即最少设计25个工作站，由于考虑到人员的扩展，需要保留一定的网络扩展。

其次，了解商务组的职责，确定使用网络的范围。

由于商务组负责公司全国范围内的项目投标、合同签订等工作，需要调用企业内部资料并与各个办事处联系，在设计网络时，需要考虑局域网和广域网。

最后，在确定了工作站数量、使用网络的范围后，开始考虑使用的网络设备的数量。工作组使用的网络设备包括1台48口交换机、1台服务器等。

完成了需求分析，就可以绘制工作组级网络拓扑图，如图1-16所示。

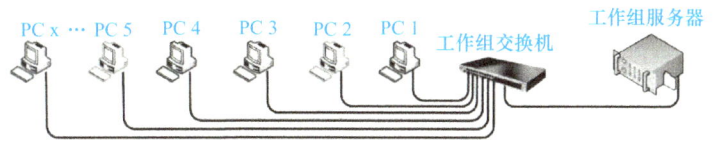

图1-16　工作组级网络拓扑图2

3．工作组级网络拓扑图设计实训

利用Visio软件绘制出如图1-15所示的工作组级网络拓扑图，通过实训掌握简单的工作组级网络拓扑图的一般画法。

1）实训工具：Visio软件。

2）实训设备：安装有Visio软件的计算机、打印机。

3）实训材料：打印纸、笔。

4）实训课时：1课时。

5）实训过程：

① 了解工作组级网络拓扑图中使用的网络设备及连接关系。

② 打开Visio软件，绘制工作组级网络拓扑图。

③ 打印出所绘制的网络拓扑图。

6）实训质量要求与评分表。质量要求：设计正确、图面布局合理、设备连接正确、标题栏合理。评分表见表1-1。

表1-1　工作组级网络拓扑图的规划与设计实训评分表

评分项目	评分细则	评分等级	得　分
图形符号	设备图形符合标准	0～30	
连接关系	设备连接正确	0～40	
图面布局	设计版面布局不能靠边或者太大	0～10	
标注符号	符合国家标准	0～10	
标题栏	包括项目名称、设计人、日期	0～10	
总　　分			

7）实训报告，具体格式见表1-2。

表1-2　工作组级网络拓扑图的规划与设计实训报告

班　级		姓　名		学　号	
课程名称				参考教材	
实训名称					
实训目的	1）通过工作组级网络拓扑图设计实训掌握工作组级网络拓扑图的设计要求和方法 2）熟练掌握制图软件的操作方法					
实训设备及材料						
实训过程或实训步骤						
总结报告及心得体会						

实训项目2　部门级网络拓扑图的规划与设计实训

1．部门级网络拓扑图的规划

部门级网络一般指企业中位于同一楼宇内的局域网或小型企业的"企业级"网络。

部门级网络是由部门内部业务联系密切的工作组级网络互连建立的。其主要目标是资源共享，如对激光打印机、彩色绘图仪、高分辨率扫描仪的共享，还包括对系统软件资源、数据库资源、公用网络资源的共享。

对于部门级网络，应该根据部门的业务特点如各个小组网络间数据的流向、数据流量的大小、具体的地理条件等综合考虑部门级网络的需求和具体结构进行设计。

部门级网络的设计要求、设计思路和设计步骤如下。

（1）设计要求

1）核心交换机能提供负载均衡和冗余配置。

2）所有设备都必须连接在网络上，且使各服务器负载均衡，整个网络无性能瓶颈。

3）各设备所连接交换机要适当，不要超过双绞线信道的100m限制。

4）在结构图中可清晰看到各主要设备所连接端口的类型和传输介质的类型。

（2）设计思路

1）采用自上而下的分层结构设计。

2）把关键设备冗余连接在两台核心交换机上。

3）连接其他网络设备。

（3）设计步骤

1）确定核心交换机的位置并连接主要设备。

2）级联下级汇聚层交换机。

3）级联接入层交换机。

4）为了确保与外部网络之间的连接性能，通常与外部网络连接的防火墙或路由器是直接连在核心交换机上的。

部门级网络拓扑图如图1-17所示。图中虚线框内为部门级网络应用系统，部门汇聚层交换机与部门级服务器互连，实现部门内部信息和资源的共享，同时也与各个工作组交换机互连，实现工作组之间以及工作组内部信息的共享，工作组交换机与绘图仪和打印机等外设连接，实现各种外设的共享。同时部门汇聚层交换机又与企业核心交换机互连，实现与企业其他部门之间的信息共享。

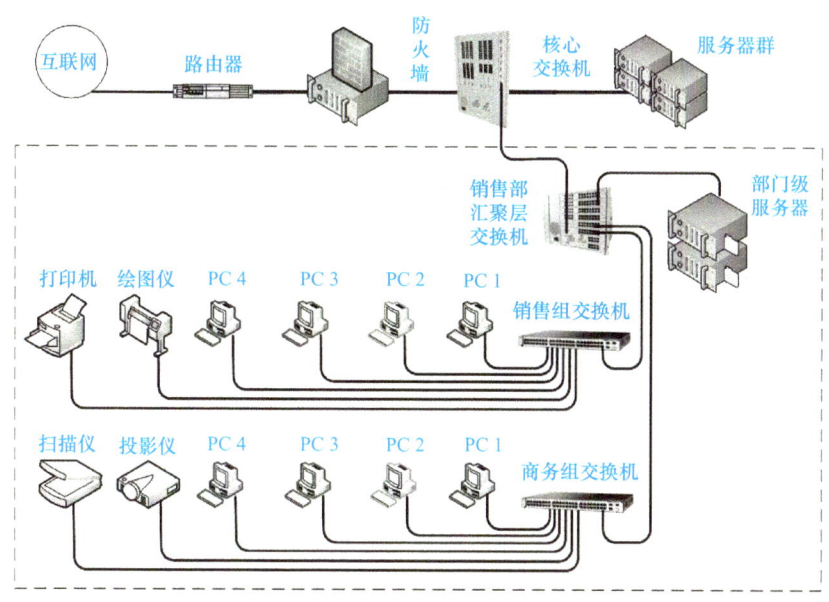

图1-17 部门级网络拓扑图

部门级网络设计的目的就是实现资源共享，因此，一般部门级网络也设有部门级服务器。部门级服务器和部门内的工作组交换机都接入部门汇聚层交换机中。一些外设如打印机、扫描仪、传真机等，也都在部门级网络内部共享。这样做的好处是同一部门内的成员可以轻松共享部门内的软、硬件资源。

2．部门级网络拓扑图设计实训

利用Visio软件绘制出如图1-17所示的部门级网络拓扑图，通过实训掌握部门级网络拓扑图的画法。

1）实训工具：Visio软件。

2）实训设备：安装有Visio软件的计算机、打印机。

3）实训材料：打印纸、笔。

4）实训课时：1课时。

5）实训过程：

①了解部门级网络拓扑图中使用的网络设备及连接关系。

②打开Visio软件绘制部门级网络拓扑图。

③打印出所绘制的网络拓扑图。

6）实训质量要求与评分表。质量要求：设计正确、图面布局合理、设备连接正确、标题栏合理。评分表见表1-3。

表1-3 部门级网络拓扑图的规划与设计实训评分表

评分项目	评分细则	评分等级	得分
图形符号	设备图形符合标准	0～30	
连接关系	设备连接正确	0～40	
图面布局	设计版面布局不能靠边或者太大	0～10	
标注符号	符合国家标准	0～10	
标题栏	包括项目名称、设计人、日期	0～10	
总 分			

7）实训报告，具体格式见表1-4。

表1-4 部门级网络拓扑图的规划与设计实训报告

班 级		姓 名		学 号	
课程名称					
实训名称				参考教材	
实训目的	1）通过部门级网络拓扑图设计实训掌握部门级网络拓扑图的设计要求和方法 2）熟练掌握制图软件的操作方法				
实训设备及材料					
实训过程或实训步骤					
总结报告及心得体会					

实训项目3　园区级网络拓扑图的规划与设计实训

1．园区级网络拓扑图的规划

园区级网络是指整个企业范围内由企业中各部门网络互联组成的网络，考虑的重点是带宽较高的干线网。园区级网络有与广域网络的连接部分，包括与企业的局域网间的互联、接入本地区公用网络的连接以及进入全球性网络的互联体系等。

园区级网络中的技术问题较为复杂，管理任务较为繁重，因此网络管理中心的建设尤为重要。网络管理中心除了要提供企业级服务器资源外，还应对整个网络的日常运行和安全进行管理，如记录和统计网络运行的有关技术参数，及时发现和处理网络运行中影响全局的问题，同时根据对全网运行统计资料的定期分析，调整和改进园区网络的拓扑和网络设备等。

园区级网络的设计要求和设计思路如下。

（1）设计要求

1）整个网络无性能瓶颈，特别是教学区中的多媒体教室。

2）各子网间既要保持相对独立，又要允许有权限的用户能相互访问。

3）各楼层都要预留一定的交换端口，以备扩展。

4）在结构图中可清晰地看到各主要设备连接的传输介质的类型。

5）整个网络设计的性价比要高。

（2）设计思路

1）采用GEC（千兆以太网通道）技术进行多链路聚合技术连接总机房与楼层、建筑物之间的网络。

2）根据需要划分子网，并用路由器配置它们之间的互访。

3）部署各机房的位置。

4）部署各部分的网络通信传输介质。

5）设计各部分交换机需要预留的端口类型和数量。

园区级网络拓扑图如图1-18所示。园区级网络系统接入部分有园区路由器、防火墙、园区核心交换机、园区服务器群，还特别增加了认证管理器、入侵检测等网络安全和管理设备。同时园区核心交换机与各个建筑物汇聚层交换机互连，实现对园区网络信息的共享和管理。

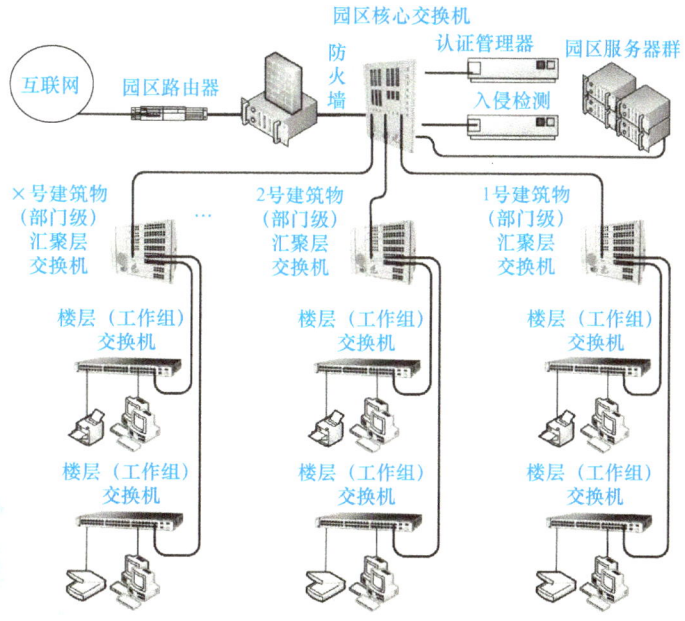

图1-18 园区级网络拓扑图

园区级网络连接了园区内所有的建筑物内部网络，其安全性关系到整个园区内的网络安全。因此，在设计园区级网络时，要特别注意网络安全问题。通常除防火墙外还应增设入侵检测和认证管理器两类设备，以增强网络的安全性能。园区内部各网络应根据自身特点采取合适的网络安全措施。

2．园区级网络拓扑图设计实训

利用Visio软件绘制出如图1-18所示的园区级网络拓扑图，通过实训掌握园区级网络拓扑图的画法。

1）实训工具：Visio软件。

2）实训设备：安装有Visio软件的计算机、打印机。

3）实训材料：打印纸、笔。

4）实训课时：1课时。

5）实训过程：

① 了解园区级网络拓扑图中使用的网络设备及连接关系。

② 打开Visio软件绘制园区级网络拓扑图。

③ 打印出所绘制的网络拓扑图。

6）实训质量要求与评分表。质量要求：设计正确、图面布局合理、设备连接正确、标题栏合理。评分表见表1-5。

表1-5　园区级网络拓扑图的规划与设计实训评分表

评分项目	评分细则	评分等级	得分
图形符号	设备图形符合标准	0～30	
连接关系	设备连接正确	0～40	
图面布局	设计版面布局不能靠边或者太大	0～10	
标注符号	符合国家标准	0～10	
标题栏	包括项目名称、设计人、日期	0～10	
总　分			

7）实训报告，具体格式见表1-6。

表1-6　园区级网络拓扑图的规划与设计实训报告

班级		姓名		学号	
课程名称				参考教材	
实训名称					
实训目的	1）通过园区级网络拓扑图设计实训掌握园区级网络拓扑图的设计要求和方法 2）熟练掌握制图软件的操作方法				
实训设备及材料					
实训过程或实训步骤					
总结报告及心得体会					

实训项目4　企业级网络拓扑图的规划与设计实训

企业级网络指的是具有一定规模的网络系统，它可以是单座建筑物内的局域网，也可以是覆盖一个园区的园区网，还可以是跨地区的广域网，其覆盖范围可以是几千米、几十千米、几百千米甚至更广。狭义的企业网主要指大型的工业、商业、金融、交通企业等各类公司和企业的计算机网络；广义的企业网则还包括各类科研、教育部门和政府部门专有的信息网络。

企业网用户可以共享本单位其他部门、办公室以及总部的信息，相互传递相关信息或发送电子邮件，也可以访问中心主机，还可以申请企业网的其他服务。

1. 企业级网络拓扑图的规划

企业级网络适用于一些大型企业，其分布可能覆盖全国或全世界。它是由分布在各地的局域网络（园区级网络或较大的部门级网络）互联而成的，各地的局域网络之间通过专用线路或公用数据网络互联。

企业级网络中包括多种网络系统，应当设置企业级网络支持中心，由其来实施对整个企业级网络的管理。企业级网络支持中心应配置大型企业级服务器，支持企业业务应用中的大型应用系统和数据库系统。一系列的通用系统、专用系统以及所有支持企业整体业务运行的系统构成了整个企业的计算和网络应用环境，即企业计算环境。

企业级网络的设计要求、设计思路和设计步骤如下。

（1）设计要求

1）网络中的所有设备都必须用上，且必须尽可能地保障负载均衡，无性能瓶颈。

2）各楼的核心交换机用一条光纤以总线型网络类型连接在一起，为各楼用户间访问提供1000Mbit/s的网络连接速度。

3）核心交换机通过两个双绞线千兆位端口，采用链路聚合技术与汇聚交换机连接，提供可高达2000Mbit/s的网络连接速度。

4）汇聚层的两台交换机用堆栈技术连接，进一步扩展端口实际可用的带宽。

5）核心交换机和汇聚交换机都要留有可扩展端口。

6）结构图中可清晰知道各主要设备所连接端口的类型和传输介质的类型。

（2）设计思路

1）首先确定在主干网络中各楼的核心交换机的光纤总线连接。

2）再针对各楼网络的具体要求逐一部署。

3）对各楼内部的扩展网络进行部署。

（3）设计步骤

1）用光纤以总线方式连接各楼的核心交换机。

2）连接汇聚交换机。

3）连接工作站和打印机等设备。

4）连接外网。

企业级网络拓扑图如图1-19所示。企业级网络实际上是由多个园区级网络以及其他局域网（如工作组级网络、部门级网络等）通过互联网组成的。同时，分布在各地的园区级网络和其他局域网也通过互联网实现数据通信和资源共享。

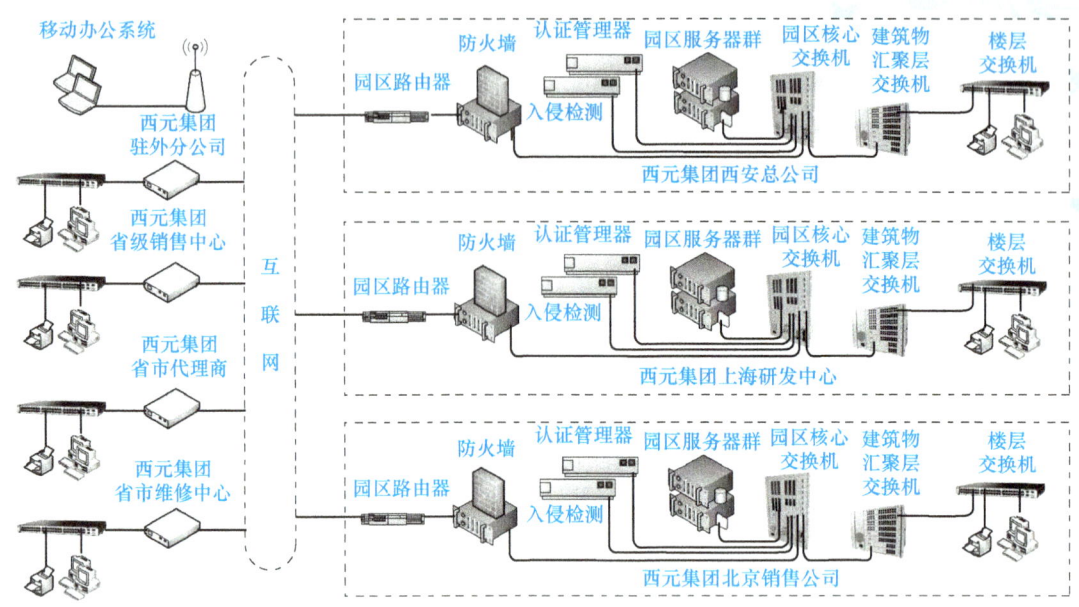

图1-19　企业级网络拓扑图

企业级网络的设计主要目的是实现互联。通常企业都是通过互联网实现各机构之间的连通。大型企业分支机构遍布各地,为了提高内网的安全性和稳定性,也有一些企业通过专线(如DDN专线等)实现互联。

2．工程应用案例

为了学习真实的企业网络工程项目,下面介绍西元科技园项目,并且以该项目为案例介绍网络拓扑图的应用。

如果不了解工程项目的概况、业务和机构设置、产品的生产流程和网络系统应用需求模型,就无法进行网络的规划和设计,更无法正确地施工和管理。因此,首先较为详细地介绍该工程项目的概况、业务和机构设置、产品的生产流程和网络系统应用需求模型等内容。

(1) 工程项目的概况

西元为专业的高科技集团公司,依托西安交通大学专业从事教育行业实训设备的创新研发和生产销售,拥有国家专利50项、软件著作权3项。西元实训室以丰富的产品线、完整的解决方案和软性资源畅销全国。

1) 工程名称：西元科技园项目。

2) 投资规模：投资规模为8500万元,其中厂房建设为3000万元,生产、研发和检验设备等合计为3200万元,流动资金为2300万元。

3) 生产能力：年均产值为3.2亿元。

4) 工程项目总平面图介绍：该工程位于西安高新区草堂科技产业园,总平面图如图1-20所示,园区鸟瞰图如图1-21所示。从图1-20中可以看到,该厂区位于十字路口东北角,南边为主入口大门,大门东侧设计门卫室1座,向北依次为1栋研发楼和2栋厂房。一期3栋建筑物均为东西方向布置,楼间距为10m,厂区地面南高北低。建筑物从南向北依次如下：1号建筑物为研发楼,2号建筑物为厂房,3号建筑物为厂房(北边厂房)。其中1号建筑物一层地面海拔高度为464.30m，2号建筑物和3号建筑物一层地面海拔高度为463.40m，一层地面高度相差0.9m，因此在综合布线建筑物子系统设计时必须考虑地面高度差问题。

5) 工程建筑物和面积介绍。该工程一期建设项目为1栋研发楼和2栋厂房，全部为框架结构，总建筑面积为12000m^2，其中1号研发楼为地上4层，地下1层，建筑面积为5340m^2，2号生产厂房为3层，建筑面积为3300m^2，3号生产厂房为3层，建筑面积为3300m^2，门卫面积为60m^2。该项目的绿地面积为3112.73m^2，容积率为0.99，绿化率为29%，建筑密度为32.18%，停车位30个。

6) 建筑物功能和综合布线系统需求。1号建筑物为研发楼，其立面图如图1-22所示。研发楼共计5层，其中地上4层，地下1层，每层建筑面积约为1068m^2，总建筑面积为5340m^2。研发楼的主要用途为技术研发和新产品试制。其中1层为市场部和销售部，2层为管理层办公室，3层为研发室，4层为新产品试制实验室。

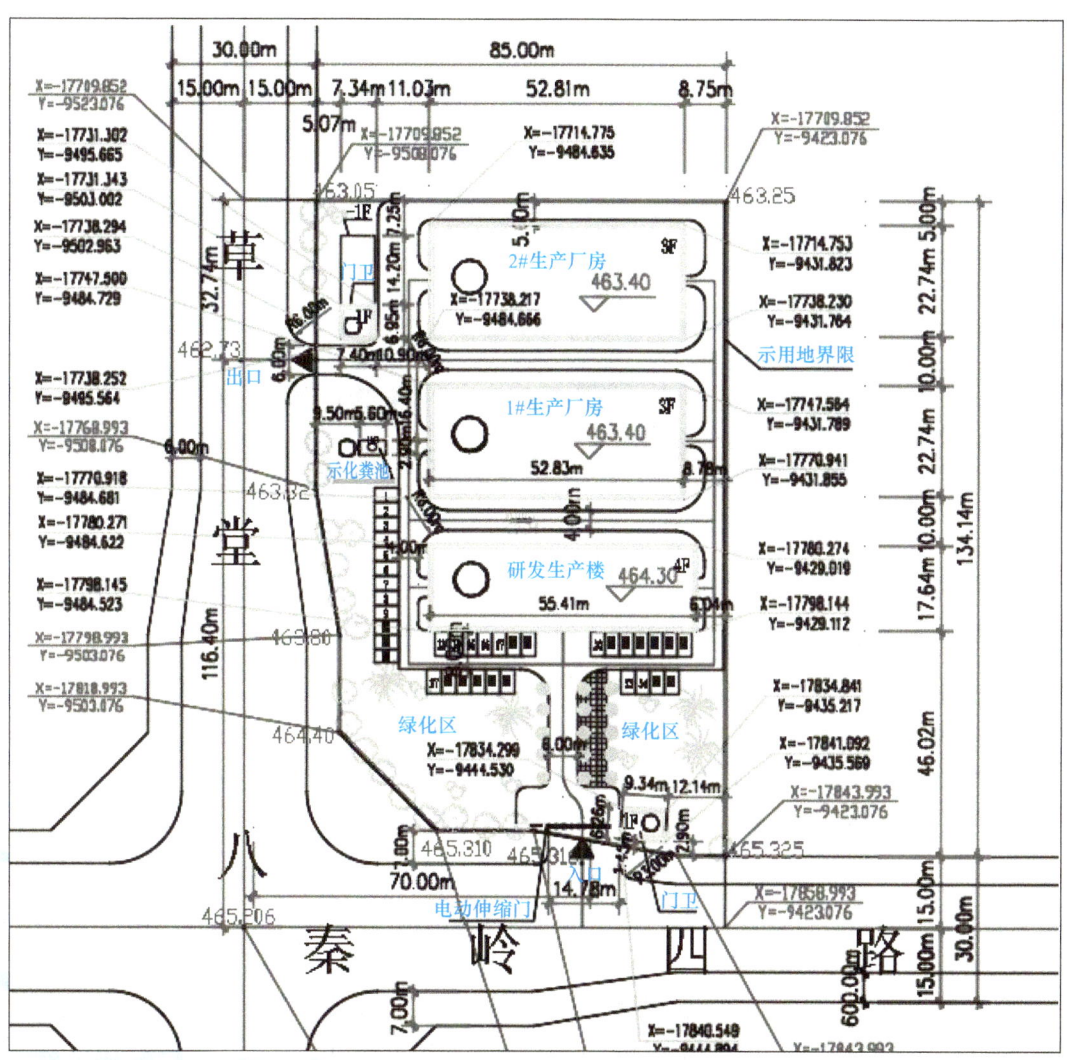

图1-20　西元科技园项目总平面图

图1-21　西元科技园项目鸟瞰图

图1-22　1号建筑物（研发楼）立面图

研发楼1层功能布局图如图1-23所示，其他楼层的功能布局图将在后续各单元中介绍。从图1-23中可以看到，1层办公室包括以下7种类型的信息化需求：

①经理办公室。图中标记的有市场部和销售部经理办公室，有语音、数据和视频需求。

②集体办公室。图中标记的有市场部办公室和销售部办公室，有语音、数据和视频需求。

③会议室。图中标记的有市场部会议室和销售部会议室，有语音、数据和视频需求。

④展室。图中标记的有产品展室和公司历史展室，有数据和视频需求。

⑤接待室。图中标记的有行政部接待室，有语音、数据和视频需求。

⑥大厅。位于研发楼1层中间位置，有门禁控制、电子屏幕和视频播放等需求。

⑦接待台。接待台位于大厅中间位置，有传真、语音和数据需求。

2号建筑物为生产厂房，其立面图如图1-24所示，共计3层，其中1层高度为7m，2层和3层高度均为3.6m，每层建筑面积约为1100m²，总建筑面积为3300m²。

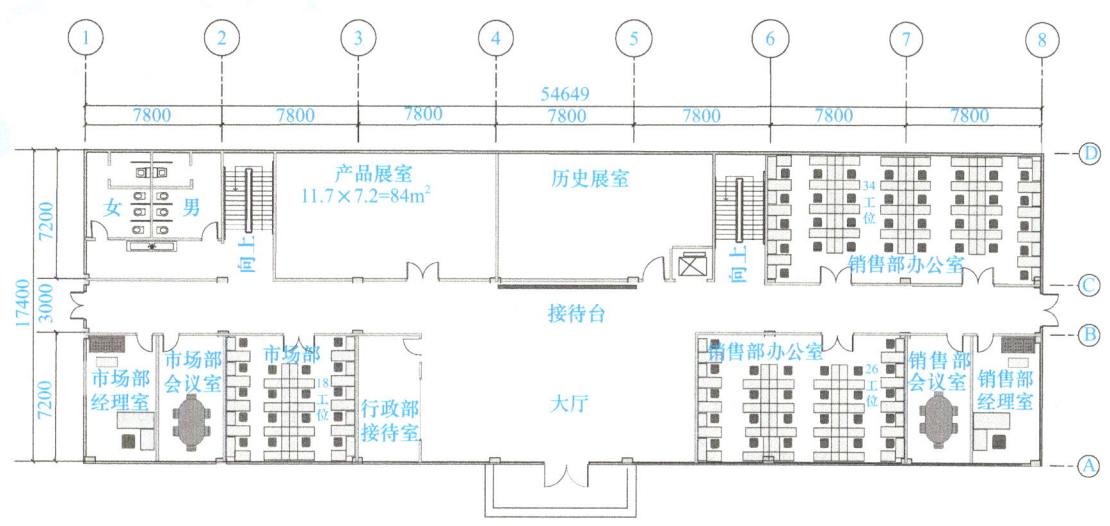

图1-23 西元科技园研发楼1层功能布局图

图1-24 西元科技园2号建筑物（生产厂房）立面图

厂房1层主要用途为库房、备货和发货，主要业务有货物入库、登记、保管、报表等入库业务，成品备货、封包、出库、发货、报表等出库业务，还有物流报表和管理等物流业务。在1层设置有经理办公室和库管员办公室等。

厂房2层和3层主要用途为对教学仪器类产品的电路板进行焊接、装配、检验、包装等生产业务，每层设置有管理室、技术室和质检室等办公室。

西元科技园生产基地2号建筑物2层功能布局图如图1-25所示，其他楼层的功能布局图将在后续各单元中介绍。从图中可以看到2号建筑物2层包括以下3种类型的信息化需求：

① 车间管理室。图中标记为车间管理室，有语音和数据需求。
② 车间技术室。图中标记为车间技术室，有语音和数据需求。
③ 生产设备区。图中标记为车间生产设备区，有数据需求。

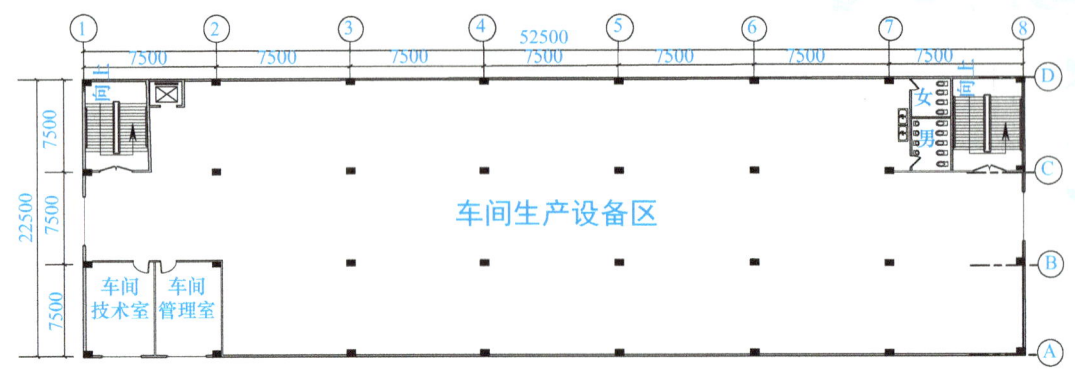

图1-25　2号建筑物（生产厂房）2层功能布局图

3号建筑物为生产厂房，共计3层，其中1层高度为7m，2层和3层高度均为3.6m，每层建筑面积约为1100m²，总建筑面积为3300m²。

厂房1层主要用途为金属零部件和机箱等机械加工和钣金生产，安装有大型数控设备，需要与网络连接传输数据。主要有计划、领料、生产、检验、入库等生产管理业务，技术管理业务，质量管理业务等。在1层设置有车间主任办公室、车间技术室、车间质检室等，这些办公室都有语音和数据业务需求。

厂房2层主要用途为对产品进行装配、检验和包装，设置有管理室、技术室、质检室等办公室，这些办公室都有语音和数据业务需求。

厂房3层主要用途为员工宿舍和食堂，设置有宿舍管理员室、员工宿舍、食堂管理员室和食堂等，其中的办公室都有语音、数据和视频业务需求。

（2）基地具体业务和机构设置

西元集团的主要业务包括教育行业教学实验实训类产品研发和试制、生产和质检、推广和销售、安装和服务、人员培训和管理等。

西元集团机构设置图如图1-26所示。其主要机构和职责如下。

销售部：负责公司产品销售，下属全国25个直属办事处和分公司。

商务部：负责项目投标资料、商务合同和法律事务。

市场部：负责市场推广业务以及各种会议、技能大赛、师资培训班、认证培训、校企合作等市场推广业务。

网站：负责"www.s369.com"和"www.s369.net.cn"两个网站及公司OA系统的建设和维护。

行政部：负责人力资源和行政事务管理业务。

财务部：负责财务管理和成本管理业务。

生产部：负责计划、检验、生产、入库等生产业务。

工程部：负责项目备货、发货、安装、服务业务。

采供部：负责外协管理和采购业务。

技术部：负责产品生产技术和说明书等技术业务。

研发部：负责新产品立项研发和试制鉴定业务。

质检部：负责原材料、半成品和成品的产品检验以及质量改进业务。

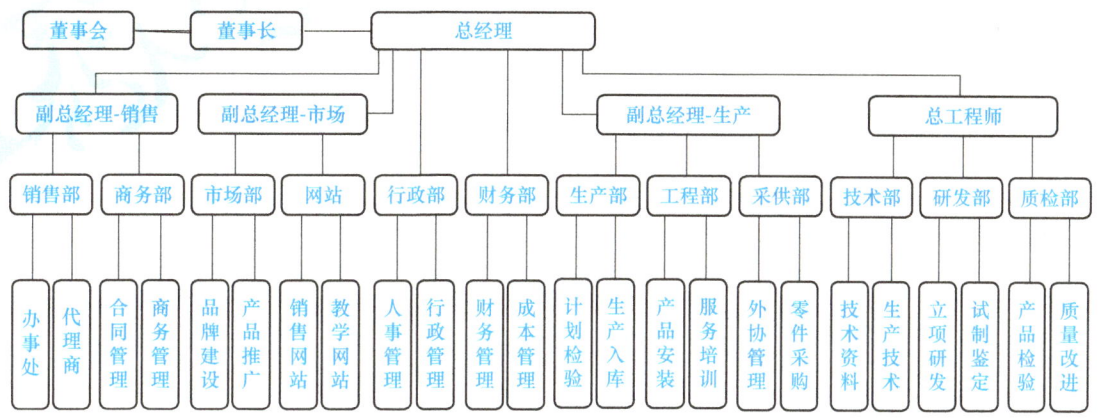

图1-26　西元集团机构设置图

（3）产品生产流程

工业产品的研发和生产流程基本相同，一般都是从市场调研开始，经历研制、鉴定、批量生产、质量检验、销售和安装服务等流程。下面以全国职业院校技能大赛网络综合布线技术竞赛项目中教育部文件指定的西元网络综合布线故障检测实训装置产品为例说明生产流程。

1）产品名称：西元网络综合布线故障检测实训装置。

2）产品型号和配置。产品型号为KYGJZ-07-01。产品实物如图1-27所示。

图1-27　西元网络综合布线故障检测实训装置（见彩图）

产品基本配置如下：

①开放式操作台1台：长1800mm，宽650mm，高1800mm。

②综合布线故障模拟箱1台：长480mm，宽200mm，高450mm。

③网络压接线实验仪1台：长480mm，宽80mm，高310mm。

④网络跳线测试仪1台：长480mm，宽40mm，高310mm。

⑤网络配线架2台：24口网络配线架。

⑥理线架2个：1U理线架。

⑦110型通信跳线架2个：110型100回配线架，尺寸1U。

⑧光纤配线架2个：组合式光纤配线架，具有8个ST接口和8个SC接口。

⑨PDU电源分配单元1个：满足"250V/10A"电气性能的电源分配单元。

3）产品功能。

①能够完成综合布线系统各种永久链路实训。

②能够完成网络模块配线端接原理实训。

③能够完成网络跳线制作和测试实训。可以同时测量4根网络跳线，对应的指示灯可以直观显示端接电气连接状况和线序。

④能够完成配线子系统管理间机柜安装和配线端接技术实训。

⑤能够完成光纤熔接和光纤配线连接实训。

⑥能够完成综合布线故障检测、故障维修实训。

⑦能够完成永久链路实训。

⑧能够完成水平子系统管/槽布线技术实训。

⑨能够完成工作区子系统网络插座安装实训。

⑩能够真实展示完整的综合布线系统。

⑪能够真实展示完整的网络应用系统。增加相关网络设备和软件后能够组成完整的网络应用系统。

⑫实训考核功能。指示灯直接显示考核结果，容易评判打分。

4）生产流程。西元网络综合布线故障检测实训装置产品的生产流程如图1-28所示，整个产品的生产流程为：市场调研→论证立项→研发试制→鉴定验收→批量生产→质量检验→推广销售→库存发货→安装服务。在每个流程中又分为多个生产工序，例如，在批量生产流程中包括电路板生产、机箱生产和包装箱生产工序。

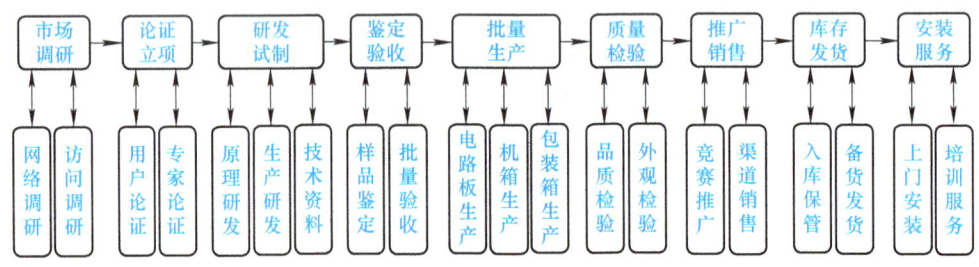

图1-28　西元网络综合布线故障检测实训装置生产流程图

（4）企业网络系统应用模型

根据业务和机构设置，首先分析该企业网络系统的应用需求模型图。西元集团网络应用模型图如图1-29所示。

从图1-29中可以看到，这是一个具有典型意义的网络系统应用案例，涵盖了研究开发系统、生产制造系统、销售管理系统、物流运输系统、服务系统等整个产业链的企业网络系统中的各个应用系统及其子系统，在企业网络应用中具有代表性和普遍性。应用系统包括如下内容。

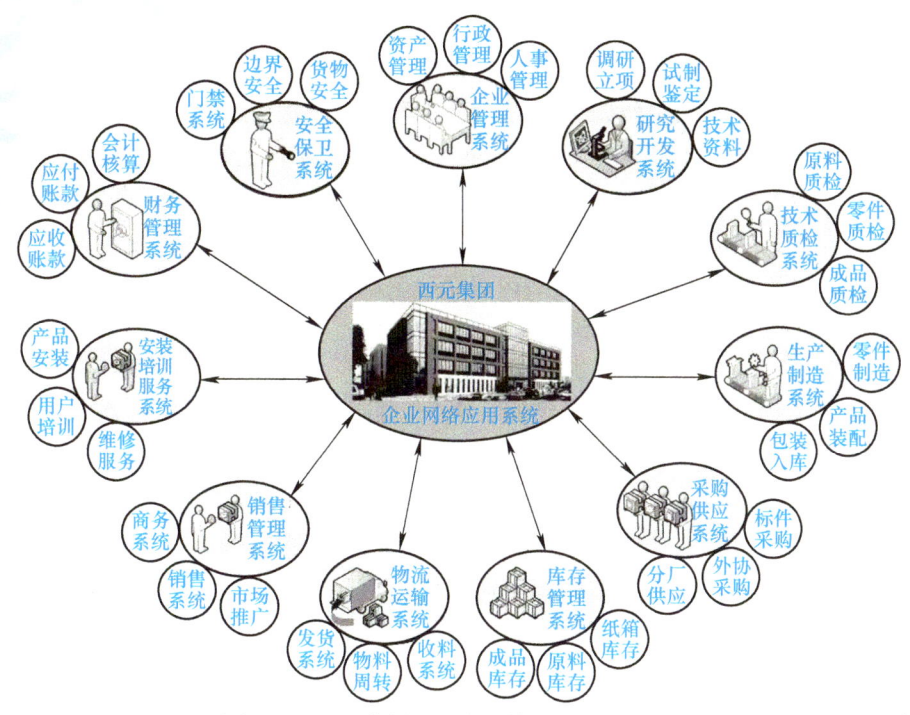

图1-29　西元集团网络应用模型图（见彩图）

① 企业管理系统，包括行政管理子系统、人事管理子系统、资产管理子系统等。

② 研究开发系统，包括新产品调研立项子系统、试制鉴定子系统、产品说明书和设计文件等技术资料子系统。

③ 技术质检系统，包括原材料入厂质量检验子系统、零部件制造质量检验子系统、成品质量检验子系统。

④ 生产制造系统，包括零部件制造子系统、产品装配子系统、包装入库子系统。

⑤ 采购供应系统，包括螺钉和电气零件等标准件采购子系统、按图加工等外协件采购子系统、分厂定点供应子系统。

⑥ 库存管理系统，包括钢材等原材料库存管理子系统、成品库存子系统、纸箱和木箱等包装材料库存子系统。

⑦ 物流运输系统，包括原材料和标准件等原料收料子系统、厂内物流和半成品等物料周转子系统、发货和物流查询等发货子系统。

⑧ 销售管理系统，包括市场推广和品牌建设等市场推广子系统，办事处、分公司和代理商等销售管理子系统，签订合同和执行检查等商务子系统。

⑨ 安装培训服务系统，包括人员派遣和上门安装等产品安装子系统、用户培训和指导等用户培训子系统、售后维修和服务等维修服务子系统。

⑩ 财务管理系统，包括应收账款管理子系统、应付账款管理子系统、成本分析等会计核算子系统。

⑪ 安全保卫系统，包括厂区入口大门监控、库房监控、财务等监控和门禁子系统，基地和建筑物边界等边界安全子系统，原材料和成品、消防等固定资产和产品安全等货物安全子系统。

实训单元 1　网络拓扑图的规划与设计实训

（5）企业级网络拓扑图的结构化设计

根据企业的需求，把网络设计成有层次和有结构的统一体即结构化网络。依据企业的应用层次（即工作组级、部门级、园区级、企业级）设计相对应的接入层、分布层、核心层网络和网区间（私有专用网、VPN或Internet）。在每个层次上网络结构都是明确的。

这样设计的网络结构性强、层次清晰，整个系统的运行和应用既有各自的相对独立性，又具有合理的数据流向，组成具有层次性和结构化特性的统一体。按照客户端/服务器（C/S）或浏览器/服务器（B/S）体系结构建立各层次的网络应用。对企业级网络的结构化设计有助于网络升级扩展和分级管理。

根据需求分析和结构化设计思路，就可以设计出西元集团的网络拓扑图，如图1-30所示。从图中可以看到，该网络为星形结构，由1台核心交换机、3台汇聚交换机、14台接入层交换机和服务器、防火墙、路由器等设备组成。

该基地通过互联网与总公司、各个分厂和驻外办事处等连通。设备包括终端计算机、门禁系统、电子屏、监控系统等。核心交换机位于建筑群设备间，3个汇聚层交换机分别位于各自的建筑物设备间。每栋建筑的每个楼层还单独设有管理间子系统。这样的结构化设计使得整个网络的拓扑结构一目了然。

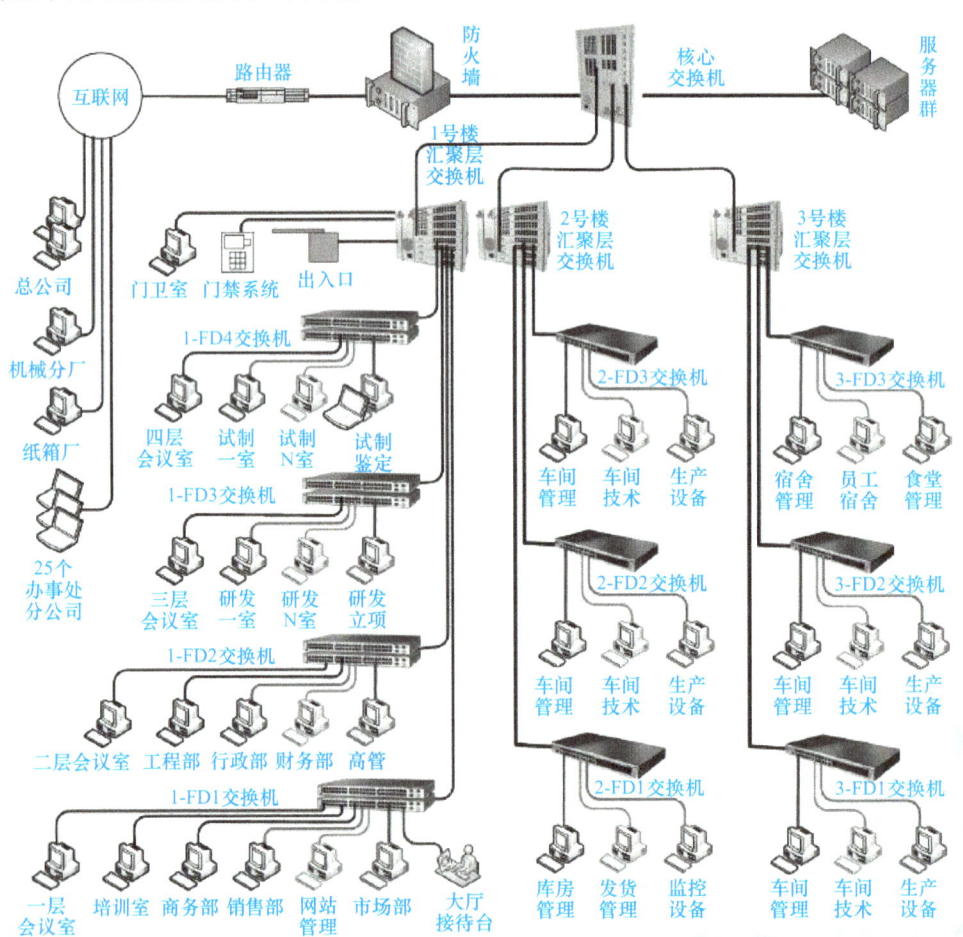

图1-30　西元集团网络拓扑图（见彩图）

3．企业级网络拓扑图设计实训

利用Visio软件绘制出如图1-30所示的企业级网络拓扑图，通过实训掌握企业级网络拓扑图的画法。

1）实训工具：Visio软件。
2）实训设备：安装有Visio软件的计算机、打印机。
3）实训材料：打印纸、笔。
4）实训课时：1课时。
5）实训过程：
①了解企业级网络拓扑图中使用的网络设备及连接关系。
②打开Visio软件绘制企业级网络拓扑图。
③打印出所绘制的网络拓扑图。

6）实训质量要求与评分表。质量要求：设计正确、图面布局合理、设备连接正确、标题栏合理。评分表见表1-7。

表1-7　企业级网络拓扑图的规划与设计实训评分表

评分项目	评分细则	评分等级	得分
图形符号	设备图形符合标准	0～30	
连接关系	设备连接正确	0～40	
图面布局	设计版面布局不能靠边或者太大	0～10	
标注符号	符合国家标准	0～10	
标题栏	包括项目名称、设计人、日期	0～10	
总　　分			

7）实训报告，具体格式见表1-8。

表1-8　企业级网络拓扑图的规划与设计实训报告

班　级		姓　名		学　号	
课程名称				参考教材	
实训名称					
实训目的	1）通过企业级网络拓扑图设计实训掌握企业级网络拓扑图的设计要求和方法 2）熟练掌握制图软件的操作方法				
实训设备及材料					
实训过程或实训步骤					
总结报告及心得体会					

实训单元2

综合布线系统工程设计实训

综合布线系统的设计离不开建筑物的结构和用途,本单元以综合布线系统工程教学模型为案例,着重介绍综合布线系统工程设计的常用基本方法与实训。

扫码看视频

 学习目标

1)了解综合布线系统工程的基本设计要点。
2)掌握综合布线系统工程的设计项目和设计方法。

综合布线系统工程设计实训

2.1 综合布线系统的设计项目

在智能建筑的实际工程设计中,涉及土建设计、水暖设计、强电设计和弱电设计等多个专业领域的内容,经常出现水暖管道和设施、强电管路和设施、弱电管路和设施的多种交叉和位置冲突。网络双绞线电缆的布线路由不能与380V或者220V交流线路并行或者交叉,如果确实需要并行或者交叉,则必须保持一定的距离或者采取专门的屏蔽措施。为了减少和避免这些冲突、降低设计成本和工程总造价,土建设计、水暖设计、强电和弱电设计等专业不能同时进行。一般设计流程为:结构设计→土建设计→水暖设计→强电设计→弱电设计。

综合布线系统的设计一般在弱电设计阶段进行。设计流程图如图2-1所示。

图2-1 智能建筑设计流程图

结构设计主要设计建筑物的基础和框架结构,例如,楼层高度、柱间距、楼面荷载等主体结构内容。人们日常所说的大楼封顶,实际上也只完成了大楼的主体结构。结构设计的主要依据是业主提供的项目设计委托书、地质勘查报告和相关建筑设计国家标准及图集。

土建设计主要依据结构设计图样对建筑物的隔墙、门窗、楼梯、卫生间等进行设计,决定建筑物内部的使用功能和区域分割。土建设计的主要依据是建筑物的使用功能、项目设计委托书和相关国家标准及图集。

水暖设计主要依据土建设计图样对建筑物的上水和下水管道的直径、阀门和安装路由等进行设计,在我国北方地区还要设计冬季暖气管道的直径、阀门和安装路由等。水暖设计阶段也不需要再画建筑物的楼层图样,只需要在前面设计阶段完成的图样中添加水暖设计内容。

强电设计主要设计建筑物内部380V或者220V电力线的直径、插座位置、开关位置和布

线路由，确定照明、空调等电气设备插座位置等。强电设计阶段也不需要再画建筑物的楼层图样，只需要在前面设计阶段完成的图样中添加强电设计内容。

弱电设计主要对计算机网络系统、通信系统、广播系统、门禁系统、监控系统等智能化系统线缆规格、接口位置、机柜位置、布线埋管路由等进行设计，这些全部属于综合布线系统的设计内容。弱电设计人员不需要再画建筑物的楼层图样，只需要在强电设计图样上添加弱电设计内容。

在智能化建筑项目的设计中，弱电系统的布线设计一般处于最后一个设计阶段，它属于智能建筑的基础设施，与建筑物的实际使用功能直接相关，设计非常重要也最为复杂。弱电系统最后布线设计的原因包括：

1）弱电系统缆线比较柔软，比较容易低成本地规避其他水暖和电气管道及设施。

2）弱电系统缆线易受强电干扰，相关标准有明确的规定。

3）弱电系统的交换机和服务器等设备对使用环境温度、湿度等有要求，例如，一般要求工作环境温度在10～50℃之间。

4）计算机网络技术和智能化管理系统技术发展快，产品更新也快，例如，需要考虑三网合一及物联网发展的需求。

5）用户需求多样化，不同用户在不同时期的需求都在变化。

综合布线系统的设计离不开建筑物的结构和用途，因此，本书以西元综合布线系统工程教学模型为实例进行讲解，教学模型和实物照片如图2-2所示。它集中展示了智能建筑中综合布线系统的各个子系统，包括1栋园区网络中心建筑和1栋三层综合楼建筑物。下面将围绕这个建筑模型讲述综合布线系统设计的基本知识和方法并且进行7个实训。

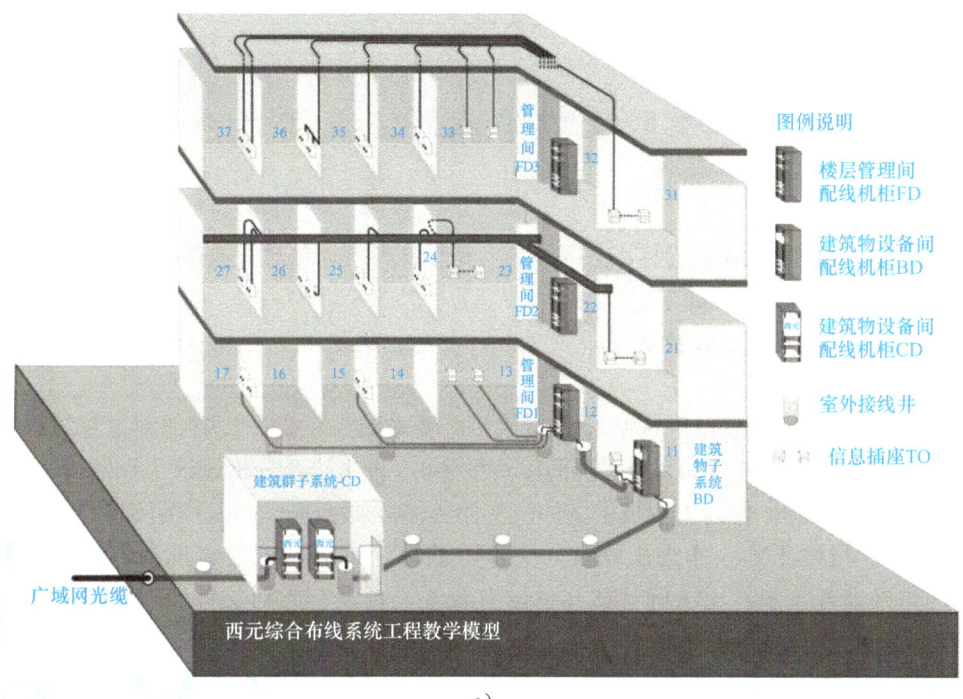

a)

图2-2 西元综合布线系统工程教学模型和实物照片

a）教学模型（见彩图）

b)

图2-2 西元综合布线系统工程教学模型和实物照片（续）

b）实物照片

7个实训内容：
1）点数统计表设计实训。
2）端口对应表设计实训。
3）综合布线系统图设计实训。
4）综合布线系统施工图设计实训。
5）综合布线系统工程材料统计表设计实训。
6）综合布线工程预算表设计实训。
7）综合布线系统工程施工进度表设计实训。

2.2 综合布线工程的设计要点

1．点数统计表

工作区信息点数量统计表简称点数统计表，是设计和统计信息点数量的基本工具和手段。编制点数统计表的要点如下。

1）表格设计合理。要求表格打印成文本后表格的宽度和文字大小合理，特别是文字不能太大或者太小。

2）数据正确。每个工作区都必须填写数字，要求数据正确、没有遗漏信息点和多出信息点。对于没有信息点的工作区或者房间填写数字0，表明已经分析过该工作区。

3）文件名称正确。作为工程技术文件，文件名称必须准确，能够直接反映该文件内容。

4）签字和日期正确。作为工程技术文件，编写、审核、审定、批准等人员的签字非常重要，如果没有签字就无法确认该文件的有效性，也没有人对文件负责，更没有人敢使用。日期直接反映文件的有效性，因为在实际应用中，可能会经常修改技术文件，一般以最新日期的文件替代以前日期的文件。

2．端口对应表

端口对应表是综合布线施工必需的技术文件，主要规定房间编号、每个信息点的编号、配线架编号、端口编号和机柜编号等，主要用于系统管理、施工和后续日常维护。端口对应表编制要求如下。

1）表格设计合理。一般使用A4幅面竖向排版的文件，要求表格打印后表格宽度和文字大小合理、编号清楚，特别是编号数字不能太大或者太小，一般使用小四或者五号字。

2）编号正确。信息点端口编号一般由数字+字母组成，编号中必须包含工作区位置、端口位置、配线架编号、配线架端口编号、机柜编号等信息，能够直观反映信息点与配线架端口的对应关系。

3）文件名称正确。端口对应表可以按照建筑物编制也可以按照楼层编制或者按照FD配线机柜编制，无论采取哪种编制方法，都要在文件名称中直接体现端口的区域，因此文件名称必须准确、能够直接反映该文件的内容。

4）签字和日期正确。作为工程技术文件，编写、审核、审定、批准等人员的签字非常重要，如果没有签字就无法确认该文件的有效性，也没有人对文件负责，更没有人敢使用。日期直接反映文件的有效性，因为在实际应用中，可能会经常修改技术文件，一般以最新日期的文件替代以前日期的文件。

3．综合布线系统图

综合布线系统图是智能建筑设计蓝图中必有的重要内容，一般在电气施工图册的弱电图样部分的首页。综合布线系统图的设计要点如下：

1）图形符号必须正确。在系统图设计时，必须使用规范的图形符号，并且在系统图中给予说明，保证技术人员和现场施工人员能够快速读懂图样。GB 50311《综合布线系统工程设计规范》中使用的图形符号如下：

① |×|代表网络设备和配线设备，左右两边的竖线代表网络配线架，如光纤配线架、铜缆配线架，中间的×代表网络交互设备，如网络交换机。

② ▫代表网络插座，如单口网络插座、双口网络插座等。

③ ──线条代表缆线，如室外光缆、室内光缆、双绞线电缆等。

2）连接关系清楚。设计系统图的目的就是为了规定信息点的连接关系，因此必须按照相关标准规定清楚地标记信息点之间的连接关系和信息点与管理间、设备间配线架之间的连接关系，也就是清楚地标记CD—BD、BD—FD、FD—TO之间的连接关系，这些连接关系决定网络拓扑图。

3）缆线型号标记正确。在系统图中要将CD—BD、BD—FD、FD—TO之间设计的缆线规格标记清楚，特别要标明是光缆还是电缆。就光缆而言，有时还需要标明是室外光缆还是室内光缆，更详细时还要标明是单模光缆还是多模光缆，因为如果布线系统设计了多模光缆，在网络设备配置时就必须选用多模光纤模块的交换机。系统中使用的缆线会直接影响工程总造价。

4）说明完整。系统图设计完成后必须在图样的空白位置增加设计说明。设计说明的作用是对图的补充，帮助理解和阅读图样，对系统图中使用的符号如增加的图形符号给予说明，对信息点总数和特殊需求给予说明等。

5）图面布局合理。任何工程图样都必须注意图面布局合理、比例合适、文字清晰。一般将图面布置在图样的中间位置。在设计前根据设计内容选择图纸的幅面，一般有A4、

A3、A2、A1、A0等标准规格，例如，A4幅面长297mm、宽210mm，A0幅面长1189mm、宽841mm。在智能建筑设计中也经常使用加长图纸。

6）标题栏完整。标题栏是任何工程图样都不可缺少的内容，一般在图样的右下角。标题栏至少包括以下内容。

① 建筑工程名称。
② 项目名称。
③ 工种。
④ 图样编号。
⑤ 设计人签字。
⑥ 审核人签字。
⑦ 审定人签字。

4．综合布线系统施工图

施工图设计主要是进行布线路由设计，因为布线路由取决于建筑物的结构和功能，布线管道一般安装在建筑立柱和墙体中。综合布线施工图设计要点如下：

1）图形符号必须正确。施工图设计中使用的图形符号需要符合相关建筑设计标准和图集规定。

2）布线路由合理正确。施工图设计了全部缆线和设备等器材的安装管道、安装路径和安装位置等，也直接决定工程项目的施工难度和成本。例如，水平子系统中电缆越长拐弯可能就越多，布线难度就越大，对施工技术就有较高的要求。

3）位置设计合理正确。在施工图中，对穿线管、网络插座、桥架等的位置设计要合理，符合相关标准规定。例如，网络插座的安装高度一般为距离地面300mm。但是对于学生宿舍等特殊应用场合，为了方便接线，网络插座一般设计在桌面高度以上位置。

4）说明完整。

5）图面布局合理。

6）标题栏完整。

5．综合布线系统工程材料统计表

材料表主要用于工程项目材料采购和现场施工管理。编制材料表的一般要求如下。

1）表格设计合理。一般使用A4幅面竖向排版的文件，要求表格打印后表格宽度和文字大小合理、编号清楚，特别是编号数字不能太大或者太小，一般使用小四或者五号字。

2）文件名称正确。材料表一般按照项目名称命名，要在文件名称中直接体现项目名称和材料类别等信息。

3）材料名称和型号准确。材料表主要用于材料采购和现场管理，因此材料名称和型号必须正确，并且使用规范的名词术语。例如，双绞线电缆不能只写"网线"，必须清楚地标明是超5类电缆还是6类电缆，是屏蔽电缆还是非屏蔽电缆，是室内电缆还是室外电缆，重要项目甚至要规定电缆的外观颜色和品牌。这是因为每个产品的型号不同，往往在质量和价格上有很大差别，对工程质量和竣工验收有直接影响。

4）材料规格齐全。综合布线工程实际施工中包括缆线、配件、辅助材料、消耗材料等很多品种或者规格的材料，所以材料表中的规格必须齐全。如果缺少一种材料就可能影响施工进度，也会增加采购和运输成本。例如，信息插座面板就有双口和单口的区别，有平口和斜口两种，不能只写信息插座面板多少个，必须写出双口面板多少个、单口面板多少个。

5）材料数量满足需要。在综合布线实际施工中，现场管理和材料管理非常重要，管理水平低材料浪费就大，管理水平高材料浪费就比较少。例如，网络电缆每箱为305m，标准规定永久链路的最大长度不宜超过90m，而在实际布线施工中，多数信息点的永久链路长度在20~40m之间，通常将305m的网络电缆裁剪成20~40m使用，这样每箱都会产生剩余的短线，这就需要有人专门整理每箱剩余的短线以便用在比较短的永久链路。因此在布线材料数量方面必须结合管理水平的高低，规定合理的材料数量，考虑一定的余量，以满足现场施工的需要。同时还要特别注明每箱电缆的实际长度，不能只注明有多少箱，因为市场上有很多电缆产品的长度不足，虽然标注的是305m，但是实际长度不到300m甚至只有260m。如果每件电缆产品尺寸不足，就会造成材料数量短缺。因此，在编制材料表时，电缆和光缆的长度一般按照工程总用量的5%~8%增加余量。

6）考虑低值易耗品。在综合布线施工和安装中大量使用RJ-45模块、水晶头、安装螺钉、标签纸等小件材料。这些材料不但容易丢失，而且管理成本也较高。因此对于这些低值易耗材料应适当增加数量，不需要每天清点数量，一般按照工程总用量的10%增加。

7）签字和日期正确。编制的材料表必须有签字和日期，这是工程技术文件不可缺少的内容。

6. 综合布线工程预算表

工程预算表可以按照2种方式编制：一种是按照IT行业的预算方式；另一种是按照国家定额方式。

编制预算表的一般要求如下。

1）收集资料，熟悉图样。在编制预算前应收集有关资料如工程概况、材料和设备的价格、所用定额、有关文件等，并熟悉图样为准确编制概、预算做好准备。

2）表格设计合理。一般使用A4幅面竖向排版的文件，要求表格打印后表格宽度和文字大小合理、编号清楚，特别是编号数字不能太大或者太小，一般使用小四或者五号字。

3）计算材料数量。根据设计图样计算出全部材料数量，并填入相应表格中。

4）套用定额，选用价格。根据汇总的工程量套用《综合布线工程预算定额项目》，并分别套用相应的价格或者使用当时的市场价格。

5）计算各项费用。根据费用定额的有关规定计算各项费用并填入相应的表格中。

6）拟写编制说明。按照编制说明内容的要求，拟写编制说明中的有关问题。

7）审核出版，填写封皮，装订成册。

8）其他要求与"综合布线系统工程材料统计表"要求相同。

7. 综合布线系统工程施工进度表

施工进度控制的关键就是编制施工进度表，合理安排好前后序作业的工序。

综合布线工程可以根据工程的特点，将综合布线工程划分为如下5个施工阶段。

1）施工前的准备工作，包括现场测量、图样深化设计会审。

2）基础施工阶段，包括敷设户外管道、手井、立杆，楼内管槽安装，网络中心管道敷设、洁净处理等。

3）机柜、缆线敷设阶段，包括按照设备的安装位置铺设相应的缆线、光缆并保证缆线的通路。

4）设备安装、光纤熔接阶段，主要是将系统设备按照施工图样标注的位置和标准规范安装到位，并与相对应的设备连接保证设备的通路，进行光纤的分配熔接完成主干光纤的导通。

5）测试、试运行阶段，主要测试缆线并保证设备的可运行性，配合网络设备供应商进行网络系统的试运行。

根据划分好的施工阶段设计施工进度表，设计要求如下。

1）表格设计合理。一般使用A4幅面横向排版的文件，要求表格打印后表格宽度和文字大小合理，编号清楚，特别是编号数字不能太大或者太小，一般使用小四或者五号字。

2）文件名称正确。一般按照项目名称命名，要在文件名称中直接体现项目名称和表格类别等信息。

3）工序和工种齐全、正确。按照工程各施工阶段施工顺序由上至下详细列出每个施工种类。

4）工期核算准确。按照工程施工量和人员数量计算出每个工种的施工周期。

5）签字和日期正确。作为工程技术文件，编写、审核、审定、批准等人员的签字非常重要，如果没有签字就无法确认该文件的有效性，也没有人对文件负责，更没有人敢使用。日期直接反映文件的有效性，因为在实际应用中，可能会经常修改技术文件，一般以最新日期的文件替代以前日期的文件。

2.3 更多综合布线系统设计知识和设计方法

综合布线系统工程设计项目和主要内容包括点数统计表、端口对应表、系统图、施工图、材料统计表、工程预算表、施工进度表等。详细设计方法和更多应用案例，以及工程技术请参考本书配套的《网络综合布线系统工程技术实训教程 第5版》，该书由王公儒主编，机械工业出版社出版，封面和书号详见本书封底。

2.4 工程经验

建筑物的综合布线是一个较为复杂的工程，工程设计的好坏直接影响工程的质量和网络链路的性能。在工程的设计过程中需要注意以下几点。

1. 重视设计阶段

设计阶段非常重要，因此必须提前对综合布线系统进行设计，与土建、消防、空调、照明等安装工程互相配合好，以免产生不必要的施工冲突。

2. 必须考虑今后的升级

设计时尽量考虑多铺设一些，采用双口面板（一个语音，一个数据），与强电设计配合好，在信息点附近铺设电源点。由于综合布线一般是一次性的工程，线铺设好之后再更改相对困难，而通信设备的种类越来越多，所以多铺设一些较为稳妥。

3．选择性价比高的产品

不要片面追求布线产品的品牌，近几年来国内的一些厂家生产的非屏蔽线、光缆、模块等网络设备在性能上已经达到行业标准，价格上也具有较大的优势，所以可以考虑使用国内厂家生产的产品。

实训项目5　点数统计表设计实训

1．工程应用

点数统计表能够准确和清楚地表示和统计出建筑物的信息点数量。信息点的数量和位置的规划设计非常重要，直接决定了项目投资规模。

2．点数统计表的规划与设计步骤

点数统计表的设计一般可以使用Excel工作表或Word表格，主要统计建筑物的数据、语音、控制设备等信息点的数量。设计人员为了快速统计和方便制表，一般使用Excel软件进行。

下面通过点数统计表实际编写过程来学习其编制方法。编制步骤和方法如下。

1）创建工作表。首先打开Excel软件，创建1个通用表格，如图2-3所示。同时给文件命名，文件名应该直接反映项目名称和文件的主要内容。这里使用西元网络综合布线工程教学模型项目来学习编制点数表的基本方法，因此将该文件命名为“01-西元教学模型点数统计表”。

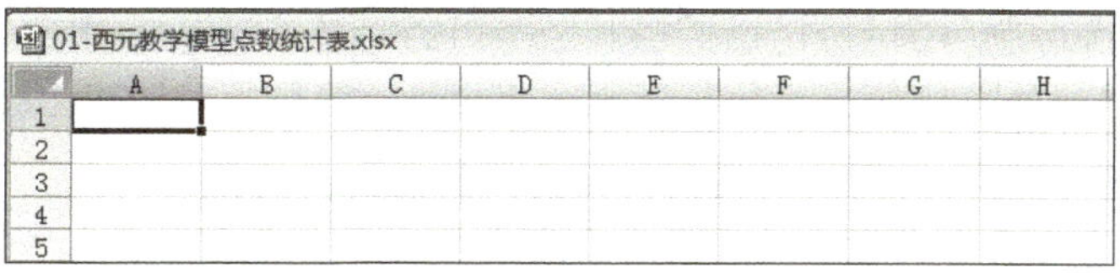

图2-3　创建点数统计表

2）编制表格，填写栏目内容。把这个通用表格编制为适合使用的点数统计表，通过合并行、列进行。已经编制好的空白点数统计表如图2-4所示。

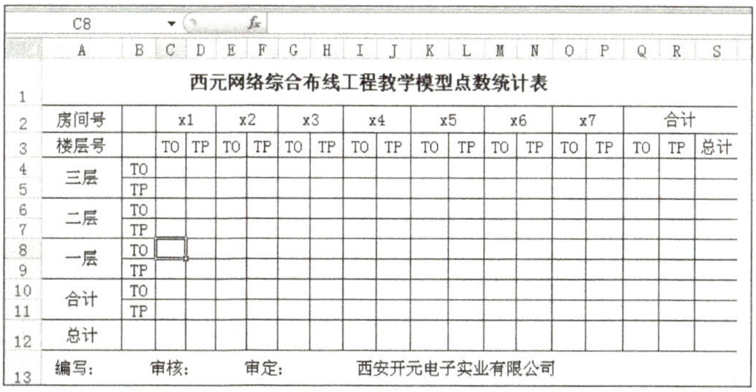

西元网络综合布线工程教学模型点数统计表

房间号		x1		x2		x3		x4		x5		x6		x7		合计		
楼层号		TO	TP	TO	TP	TO	TP	TO	TP	TO	TP	TO	TP	TO	TP	TO	TP	总计
三层	TO																	
	TP																	
二层	TO																	
	TP																	
一层	TO																	
	TP																	
合计	TO																	
	TP																	
总计																		

编写：　审核：　审定：　西安开元电子实业有限公司

图2-4　空白点数统计表

首先在表格第1行填写文件名称，第2行填写房间或者区域编号，第3行填写数据点和语音点。一般数据点在左栏，语音点在右栏，其余行对应楼层，注意每个楼层填写两行，其中一行为数据点一行为语音点。填写楼层号，一般第1行为顶层，最后1行为一层，最后两行分别为合计和总计。然后编制列，第1列为楼层编号，其余为房间编号，最右边两列为合计。

3）填写数据和语音信息点数量。按照如图2-2所示的西元网络综合布线工程教学模型把每个房间的数据点和语音点数量填写到表格中。填写时逐层逐房间进行，从楼层的第1个房间开始，逐间分析应用需求和划分工作区，确认信息点数量。

在每个工作区首先确定网络数据信息点的数量，然后考虑语音信息点的数量，同时还要考虑其他智能化和控制设备的需要，例如，在门厅要考虑指纹考勤机、门禁系统等网络的接口。表格中对于不需要设置信息点的位置不能空白，而是填写0，表示已经考虑过这个点。已经填写好的信息点数统计表如图2-5所示。

4）合计数量。首先按照行统计出每个房间的数据点和语音点，注意把数据点和语音点的合计数量放在不同的列中。然后统计列数据，注意数据点和语音点的合计数量应该放在不同的行中，最后进行合计。这样就完成了点数统计表，既能反映每个房间或者区域的信息点，也能看到每个楼层的信息点，还有垂直方向信息点的合计数据，全面清楚地反映了全部信息点。最后注明单位及时间。

图2-5 填写好的信息点数统计表

完成的信息点数统计表如图2-6所示，从图中可以看出该教学模型共计有112个信息点，其中数据点56个，语音点56个。一层数据点12个，语音点12个，二层数据点22个，语音点22个，三层数据点22个，语音点22个。

图2-6 完成的信息点数统计表

5）打印和签字盖章。完成信息点数量统计表编写后，打印该文件并且签字确认，在正式提交时必须盖章。打印和签字后的点数统计表如图2-7所示。

西元网络综合布线工程教学模型点数统计表												
房间号		x1		x2		x3		x4		x5		x6		x7		合计	
楼层号		TO	TP	TO	TP	TO	TP	TO	TP	TO	TP	TO	TP	TO	TP	总计
三层	TO	2		2		4		4		4		4		2		22	
	TP		2		2		4		4		4		4		2		22
二层	TO	2		2		4		4		4		4		2		22	
	TP		2		2		4		4		4		4		2		22
一层	TO	1		1		2		2		2		2		2		12	
	TP		1		1		2		2		2		2		2		12
合计	TO	5		5		10		10		10		10		6		56	
	TP		5		5		10		10		10		10		6		56
总计														112
编写：×× 审核：×× 审定：×× 西安开元电子实业有限公司 ××××年××月××日												

图2-7 打印和签字后的点数统计表

点数统计表在工程实践中是常用的统计和分析方法，也适合监控系统、楼控系统等设备比较多的各种工程应用。

3．点数统计表设计实训

建筑群网络综合布线系统模型如图2-8所示。本实训以此模型作为网络综合布线系统工程的实例。

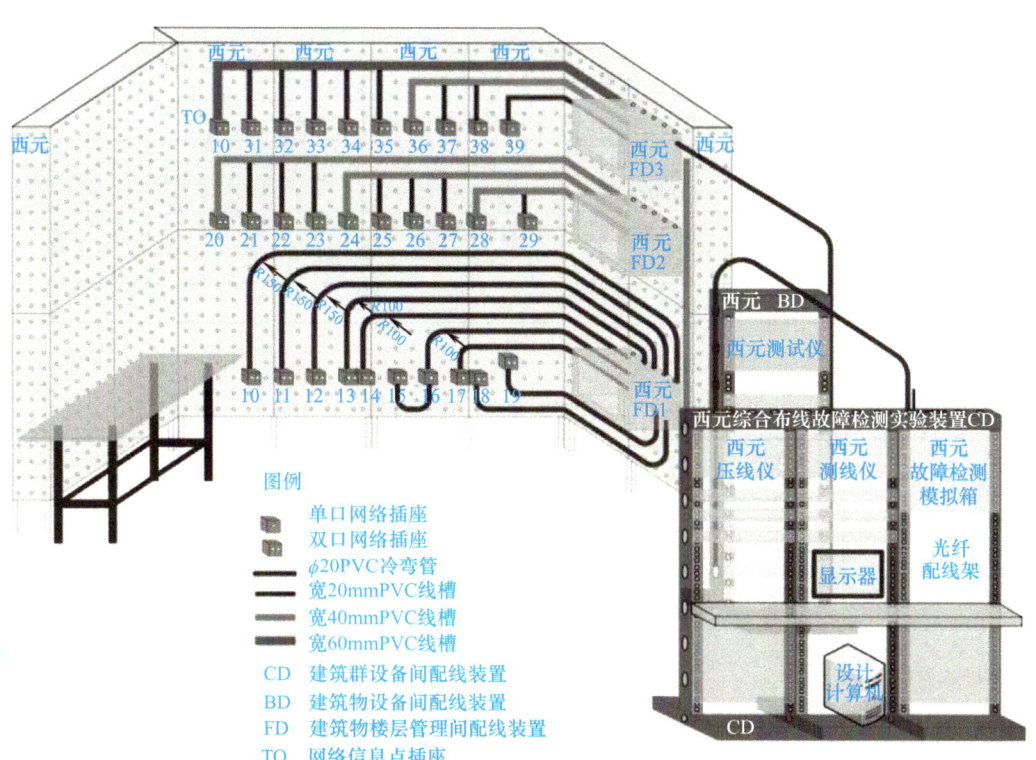

图2-8 建筑群网络综合布线系统模型示意图

1）实训工具：Excel工作表或Word表格。

2）实训设备：安装有Office软件的计算机、打印机。

3）实训材料：打印纸、笔。

4）实训课时：1课时。

5）实训过程：

①分析项目用途，对项目进行归类。

②对工作区进行分类和编号。

③制作点数统计表。

④填写点数统计表。

⑤打印点数统计表。

6）实训质量要求与评分表。质量要求：信息点设置合理，表格设计合理、数量正确、项目名称准确、签字和日期完整。评分表见表2-1。

表2-1　点数统计表设计实训评分表

评分项目	评分细则	评分等级	得分
项目名称	项目名称中必须有"××项目网络信息点数统计表"字样，名称正确、完整5分，否则0分	0，5	
表格设计	行、列宽度合适，项目齐全，名称正确，设计合理5分，否则0分	0，5	
模型点数量	每个楼层及合计的模型点数量正确，每项15分	0，15，30，45，60	
表格说明	说明包括的信息点的数量	0~20	
签字	填写设计人，签字正确5分，否则0分	0，5	
日期	填写设计日期，日期正确5分，否则0分	0，5	
总　　分			

7）实训报告，具体格式见表2-2。

表2-2　点数统计表设计实训报告

班　　级		姓　　名		学　　号	
课程名称				参考教材	
实训名称					
实训目的	1）掌握点数统计表的制作方法，计算出全部信息点的数量和规格 2）基本掌握Excel工作表或Word表格软件在工程技术中的应用				
实训设备及材料					
实训过程或实训步骤					
总结报告及心得体会					

实训项目6　端口对应表设计实训

1. 工程应用

综合布线工程信息点端口对应表应该在进场施工前完成并且打印带到现场，方便现场施工编号。同时注意每个信息点必须具有唯一的编号且编号有顺序和规律以方便施工和维护。

2. 端口对应表的规划与设计步骤

端口对应表的编制一般使用Word或Excel软件，下面以如图2-2所示的西元综合布线系统工程教学模型为例，选择一层信息点，使用Word软件分步骤说明设计方法。最终设计完成的端口对应表见表2-3。

表2-3　西元综合布线系统工程教学模型端口对应表

项目名称：西元教学模型　　建筑物名称：2号楼　　楼层：一层FD1机柜　　文件编号：XY02-2-1

序　号	信息点编号	机柜编号	配线架编号	配线架端口编号	插座底盒编号	房间编号
1	FD1-1-1-1Z-11	FD1	1	1	1	11
2	FD1-1-2-1Y-11	FD1	1	2	1	11
3	FD1-1-3-1Z-12	FD1	1	3	1	12
4	FD1-1-4-1Y-12	FD1	1	4	1	12
5	FD1-1-5-1Z-13	FD1	1	5	1	13
6	FD1-1-6-1Y-13	FD1	1	6	1	13
7	FD1-1-7-2Z-13	FD1	1	7	2	13
8	FD1-1-8-2Y-13	FD1	1	8	2	13
9	FD1-1-9-1Z-14	FD1	1	9	1	14
10	FD1-1-10-1Y-14	FD1	1	10	1	14
11	FD1-1-11-2Z-14	FD1	1	11	2	14
12	FD1-1-12-2Y-14	FD1	1	12	2	14
13	FD1-1-13-1Z-15	FD1	1	13	1	15
14	FD1-1-14-1Y-15	FD1	1	14	1	15
15	FD1-1-15-2Z-15	FD1	1	15	2	15
16	FD1-1-16-2Y-15	FD1	1	16	2	15
17	FD1-1-17-1Z-16	FD1	1	17	1	16
18	FD1-1-18-1Y-16	FD1	1	18	1	16
19	FD1-1-19-2Z-16	FD1	1	19	2	16
20	FD1-1-20-2Y-16	FD1	1	20	2	16
21	FD1-1-21-1Z-17	FD1	1	21	1	17
22	FD1-1-22-1Y-17	FD1	1	22	1	17
23	FD1-1-23-2Z-17	FD1	1	23	2	17
24	FD1-1-24-2Y-17	FD1	1	24	2	17

说明：1）双口信息插座左边用"Z"、右边用"Y"进行标记和区分。

　　　2）FD1共24个信息点。

编制人签字：　　　　　　　　　审核人签字：　　　　　　　　　审定人签字：
编制单位：西安开元电子实业有限公司　　　　　　　　时间：××××年××月××日

1）文件命名和表头设计。打开Word软件，创建1个A4幅面的文件，同时给文件命名，例如，"西元综合布线系统工程教学模型端口对应表"。编写文件题目和表头信息，表头为"西元综合布线教学模型端口对应表"，项目名称为"西元教学模型"，建筑物名称为"2号楼"，楼层为"一层FD1机柜"，文件编号为"XY02-2-1"。

2）设计表格。设计表格前，首先分析端口对应表需要包含的主要信息，确定表格列数量，例如，在表2-3中为7列，第1列为"序号"，第2列为"信息点编号"，第3列为"机柜编号"，第4列为"配线架编号"，第5列为"配线架端口编号"，第6列为"插座底盒编号"，第7列为"房间编号"。其次确定表格行数，一般第1行为类别信息，其余按照信息点总数量设置行数，每个信息点1行。然后填写第1行类别信息。最后添加表格的第1列序号。这样，1个空白的端口对应表就编制好了。

3）填写机柜编号。在如图2-2所示的西元综合布线工程教学模型中2号楼为3层结构，每层有1个独立的楼层管理间，从该图中看到，一层的信息点全部布线到一层的这个管理间，而且一层管理间只有1个机柜，标记为"FD1"，该层全部信息点将布线到该机柜，因此在端口对应表中"机柜编号"一栏全部行填写"FD1"。

如果每层信息点很多，也可能会有几个机柜，工程设计中一般按照"FD11""FD12"等顺序编号，例如"FD11"中第1个数字"1"表示一层管理间机柜，第2个数字"1"表示该管理间机柜的顺序编号。

4）填写配线架编号。根据实训项目5中的点数统计表，西元教学模型一层共设计有24个信息点。设计中一般使用1个24口配线架就能够满足全部信息点的配线端接要求了，把该配线架命名为1号，该层全部信息点将端接到该配线架，因此在端口对应表中"配线架编号"栏全部行填写"1"。

当信息点数量超过24个以上时就会有多个配线架，例如，25~48点时需要两个配线架，可以把两个配线架分别命名为1号和2号，一般把最上边的配线架命名为1号。

5）填写配线架端口编号。配线架端口编号在生产时都印刷在每个端口的下边，在工程安装中，一般每个信息点对应一个端口，一个端口只能端接一根双绞线电缆。因此在端口对应表中"配线架端口编号"栏由上至下依次填写"1""2"……"24"。

在数据中心和网络中心因为信息点数量很多，经常会用到36口或者48口高密度配线架，也是按照端口编号的数字填写。

6）填写插座底盒编号。在实际工程中，每个房间或者区域通常设计有多个插座底盒，对这些底盒也要编号，一般按照顺时针方向从1开始编号。一般在每个底盒中安装单口、双口面板插座，因此在端口对应表中"插座底盒编号"栏由上至下依次填写"1"或者"2"。

7）填写房间编号。设计单位在实际工程前期的设计图样中对每个房间或者区域都没有编号。在弱电设计时首先对每个房间或者区域编号。一般用两位或者三位数字编号，第一位表示楼层号，第二位或者第二、三位为房间顺序号。西元教学模型中每层只有7个房间，所以就用两位数编号，例如，一层分别为"11""12"……"17"。因此在端口对应表中"房间编号"栏填写对应的房间号数字。

8）填写信息点编号。完成上面的7步后，编写信息点编号就容易了。信息点编号规定如图2-9所示，按照编号规定就能顺利完成端口对应表。把端口对应表中每行第3栏~第7栏的数字或者字母用"—"连接起来填写在"信息点编号"栏。特别注意双口面板一般安装2个信息模块，为了区分这2个信息点，一般左边用"Z"、右边用"Y"进行标记和区分。为了使安装施工人员能够快速读懂端口对应表，也需要把编号规定作为编制说明设计在端口对应表文件中。

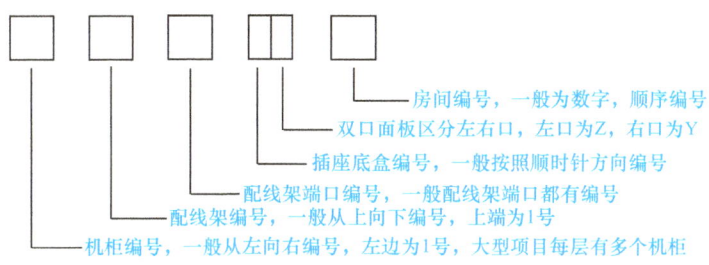

图2-9 信息点编号规定

9）填写编制人和单位等信息。在端口对应表的下面必须填写"编制人""审核人""审定人""编制单位""时间"等信息。

3. 端口对应表设计实训

根据图2-8和表2-3格式编制网络综合布线系统端口对应表。

1）实训工具：Excel工作表或Word表格。

2）实训设备：安装有Office软件的计算机、打印机。

3）实训材料：打印纸、笔。

4）实训课时：1课时。

5）实训过程：

①文件命名和表头设计。

②设计表格。

③填写机柜编号。

④填写配线架编号。

⑤填写配线架端口编号。

⑥填写插座底盒编号。

⑦填写房间编号。

⑧填写信息点编号。

⑨填写编制人和单位等信息。

⑩打印端口对应表。

6）实训质量要求与评分表。质量要求：项目名称准确，表格设计合理，信息点编号正确，签字和日期完整。评分表见表2-4。

表2-4　端口对应表设计实训评分表

评分项目	评分细则	评分等级	得分
项目名称	项目名称中必须有"××项目端口对应表"字样，名称正确5分，否则0分	0，5	
表格设计	行、列宽度合适，项目齐全，设计合理5分，否则0分	0，5	
表格文件编号	一共3层，每层1个表，每个表5分	0，5，10，15	
信息点编号	对应关系正确	0~65	
签字	填写编制人等信息，签字正确5分，否则0分	0，5	
日期	填写设计日期，日期正确5分，否则0分	0，5	
总　　分			

7）实训报告，具体格式见表2-5。

表2-5　端口对应表设计实训报告

班　级		姓　名		学　号	
课程名称				参考教材	
实训名称					
实训目的	1）通过信息点端口对应表实训掌握端口对应表的编制要点和方法 2）掌握端口对应表在工程技术中的作用 3）熟练掌握Word软件或Excel软件的操作方法				
实训设备及材料					
实训过程或实训步骤					
总结报告及心得体会					

实训项目7　综合布线系统图设计实训

1. 工程应用

综合布线系统图直观反映了信息点之间的连接关系，也决定了网络应用拓扑图，所以综合布线系统图非常重要。因为网络综合布线系统中的管线是在建筑物建设过程中预埋的，后期无法改变，所以网络应用系统只能根据综合布线系统来设计和规划。

2. 综合布线系统图的规划与设计步骤

在进行综合布线系统图的设计时，工程技术人员一般使用AutoCAD软件完成。鉴于计算机类专业没有CAD软件课程，为了掌握系统图的设计要点，以Visio软件和西元教学模型为例，介绍系统图的设计方法，具体步骤如下。

（1）创建Visio绘图文件

首先打开程序，创建一个Visio绘图文件，同时给该文件命名，例如，命名为"02-西元教学模型综合布线系统图"。

1）打开Visio文件和设置页面。打开Visio软件，单击"文件"菜单新建绘图文件，在"形状"中选择"网络"→"基本网络图"命令，就创建了1个Visio绘图文件，如图2-10所示。

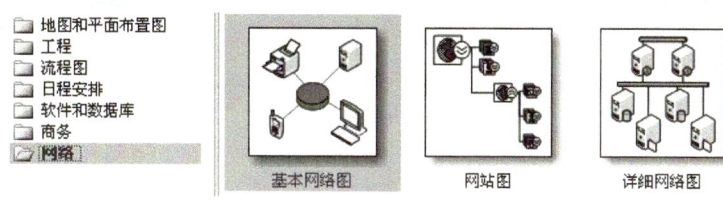

图2-10　创建Visio图

2）设置页面尺寸。单击"文件"菜单，如图2-11所示，选择"页面设置"菜单，就会出现"页面设置"对话框，如图2-12所示，然后选中"预定义的大小"单选按钮，在下拉列表中选择"A4"幅面,选中"页面方向"中的"横向"单选按钮，单击"确定"按钮就完成了页面设置，可以开始进行系统图的设计了。

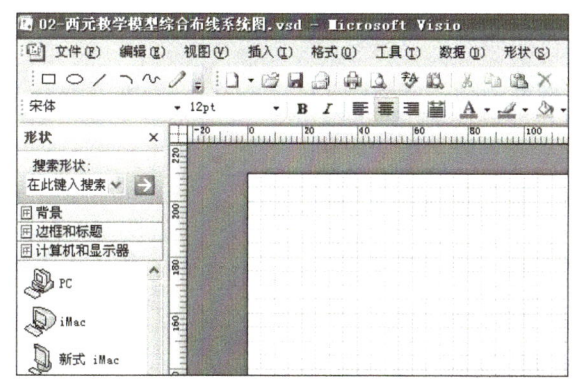

图2-11　Visio图页面　　　　　　　图2-12　页面设置

（2）绘制配线设备图形

在页面合适位置绘制建筑群配线设备图形（CD）、建筑物配线设备图形（BD）、楼层管理间配线设备图形（FD）和工作区网络插座图形（TO），如图2-13所示。

图中的×代表网络设备，其中左右两边的竖线代表网络配线架如光纤配线架或者铜缆配线架，中间的×代表网络交互设备如交换机。

（3）设计网络连接关系

用直线或折线把"CD—BD""BD—FD""FD—TO"符号连接起来，这样就清楚地标示出了"CD—BD""BD—FD""FD—TO"之间的连接关系，如图2-14所示。这些连接关系决定了网络拓扑图。

（4）添加设备图形符号和说明

为了方便快速阅读图样，一般在图样中需要添加图形符号和缩略词的说明，通常使用英文缩写，再把图中的线条用中文标明，如图2-15所示。

（5）设计说明

为了更加清楚地说明设计思想，帮助快速阅读和理解图样，减少对图样的误解，一般要在图样的空白位置增加设计说明，重点说明特殊图形符号和设计要求。例如，对西元教学模型的设计说明内容如图2-16所示。

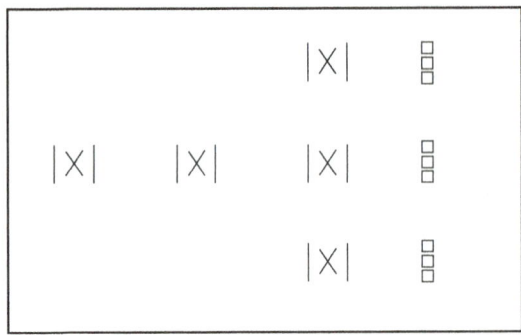

图2-13 绘制配线设备图形

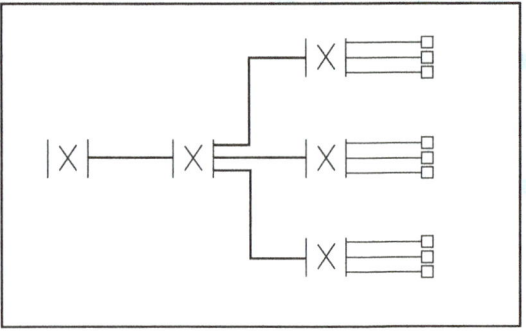

图2-14 设计网络连接关系

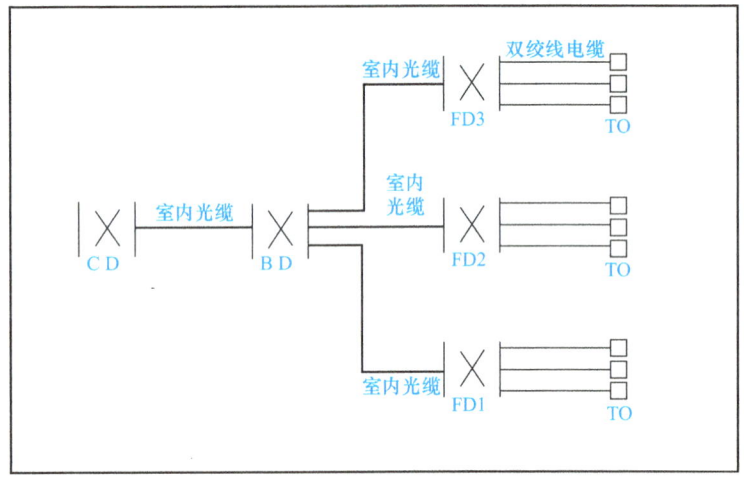

图2-15 添加设备图形符号和说明

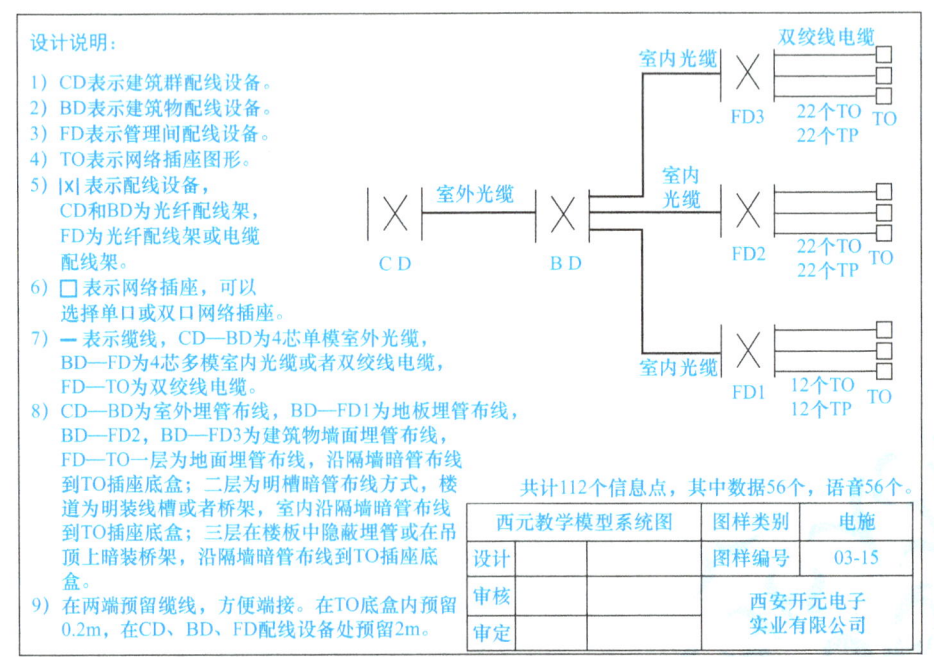

图2-16 西元教学模型的设计说明内容

（6）设计标题栏

标题栏是工程图样不可缺少的内容，一般在图样的右下角。如图2-16所示的系统图中的标题栏为一个典型应用实例，它包括以下内容：

1）项目名称：西元教学模型系统图。
2）图样类别：电施。
3）图样编号：03-15。
4）设计单位：西安开元电子实业有限公司。
5）设计人签字：××。
6）审核人签字：××。
7）审定人签字：××。

3．综合布线系统图设计实训

根据图2-8设计该网络综合布线系统图。

1）实训工具：AutoCAD软件或Visio软件。
2）实训设备：安装有AutoCAD软件或Visio软件的计算机、打印机。
3）实训材料：打印纸、笔。
4）实训课时：1课时。
5）实训过程：
① 创建CAD或Visio绘图文件。
② 绘制配线设备图形。
③ 设计网络连接关系。
④ 添加设备图形符号和说明。
⑤ 设计编制说明。
⑥ 设计标题栏。
⑦ 打印综合布线系统图。

6）实训质量要求与评分表。质量要求：设计正确、图面布局合理、符号标记清楚正确、说明完整、标题栏合理。评分表见表2-6。

表2-6　综合布线系统图设计实训评分表

评分项目	评分细则	评分等级	得分
连接关系	CD—BD—FD—TO前后顺序及连接正确	0～15	
信息点数量	每层信息点数量正确，每层5分	0，5，10，15	
图形符号	配线架等设备图形符合国家标准	0～20	
图面布局	设计版面布局不能靠边或者太大	0～10	
标注符号	符合国家标准	0～10	
标题栏	包括项目名称、设计人、日期	0～10	
说明	包括设计内容及布线要求	0～10	
图例	对使用的图形做标注	0～10	
总　分			

7）实训报告，具体格式见表2-7。

表2-7 综合布线系统图设计实训报告

班　　级		姓　　名		学　　号	
课程名称				参考教材	
实训名称					
实训目的	1）通过综合布线系统图设计实训掌握综合布线系统图的设计要点和方法 2）熟练掌握制图软件的操作方法					
实训设备及材料						
实训过程或实训步骤						
总结报告及心得体会						

实训项目8　综合布线系统施工图设计实训

1．工程应用

施工图规定了布线路由在建筑物中安装的具体位置，一般使用平面图。

2．综合布线系统施工图的规划与设计步骤

在实际施工图设计中，综合布线部分属于弱电设计工种，不需要画建筑物结构图，只需要在前期土建和强电设计图中添加综合布线设计内容。用Visio软件，以"西元"教学模型二层为例介绍施工图的设计方法。

1）创建Visio绘图文件。首先打开程序，选择创建一个Visio绘图文件，同时给该文件命名，例如，命名为"03-西元教学模型二层施工图"。把图面设置为A4横向，比例为1:10，单位为mm。

2）绘制建筑物平面图。按照教学模型的实际尺寸，绘制出建筑物二层平面图，如图2-17所示。

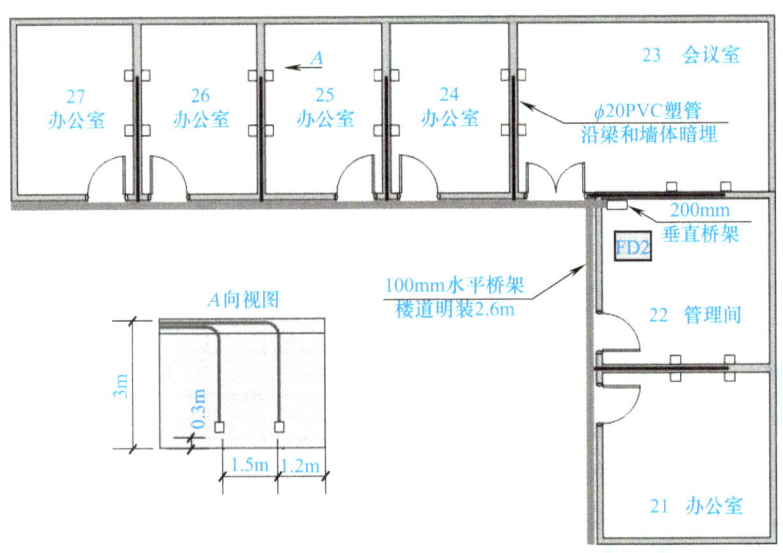

图2-17　西元教学模型二层施工图

3）设计信息点位置。根据点数统计表中每个房间的信息点数量，设计每个信息点的位置。例如，25号房间有4个数据点和4个语音点，就在2个墙面分别安装2个双口信息插座，每个信息插座都有1个数据口和1个语音口。如图2-17所示的25号办公室和A面视图，标出了信息点距离墙面的水平尺寸以及距离地面的高度。为了降低成本，墙体两边的插座背对背安装。

4）设计管理间位置。楼层管理间的位置一般紧靠建筑物设备间，该教学模型的建筑物设备间在一层11号房间，一层管理间在隔壁的12号房间，垂直子系统桥架也在12号房间，因此把2层的管理间安排在22号房间。

5）设计水平子系统布线路由。2层采取楼道明装100mm水平桥架，过梁和墙体暗埋 ϕ20PVC塑料管到信息插座。墙体两边房间的插座共用PVC管，在插座处分别引到2个背对背的插座。

6）设计垂直子系统路由。该建筑物的设备间位于一层的12号房间，使用200mm桥架，沿墙垂直安装到2层22号房间和3层32号房间并且与各层的管理间机柜连接。

7）设计局部放大图。由于建筑体积很大，通常在图样中无法绘制出局部细节位置和尺寸，这就需要在图样中增加局部放大图。例如，在图2-18中设计了25号房间的A向视图，标注了具体的水平尺寸和高度尺寸。

8）添加文字说明。设计中的许多问题需要通过文字来说明，例如，在图2-17中，添加了"100mm水平桥架楼道明装2.6m"和"ϕ20PVC线管沿梁和墙体暗埋"，并且用箭头指向说明位置。

9）增加设计说明。

10）设计标题栏。

3．综合布线系统施工图设计实训

根据图2-8设计该网络综合布线施工图。

1）实训工具：AutoCAD软件或Visio软件。

2）实训设备：安装有AutoCAD软件或Visio软件的计算机、打印机。

3）实训材料：打印纸、笔。

4）实训课时：1课时。

5）实训过程：

① 创建CAD或Visio绘图文件。

② 绘制平面图。

③ 设计信息点位置。

④ 设计管理间位置。

⑤ 设计水平子系统布线路由。

⑥ 设计垂直子系统布线路由。

⑦ 设计局部放大图。

⑧ 添加文字说明。

⑨ 增加设计说明。

⑩ 设计标题栏。

⑪ 打印施工图。

6）实训质量要求与评分表。质量要求：施工图中的文字、线条、尺寸、符号清楚和完整。评分表见表2-8。

表2-8 综合布线系统施工图设计实训评分表

评分项目	评分细则	评分等级	得 分
路由和标注	路由正确，标注符合国家标准	0～35	
设备位置、图形符号	位置正确，图形符合国家标准	0～15	
尺寸标记	按照实际位置标记	0～10	
信息点位置和说明	信息点位置绘制正确，并有相应的说明	0～10	
图面布局	设计版面布局不能靠边或者太大	0～10	
说明	包括设计内容及布线要求	0～10	
标题栏	包括项目名称、设计人、日期	0～10	
总　分			

7）实训报告，具体格式见表2-9。

表2-9 综合布线系统施工图设计实训报告

班　级		姓　名		学　号	
课程名称				参考教材	
实训名称					
实训目的	1）通过施工图设计实训，掌握施工图的设计要求和方法 2）掌握施工图在工程技术中的作用 3）熟练掌握Visio或CAD制图软件的操作方法					
实训设备及材料						
实训过程或实训步骤						
总结报告及心得体会						

实训项目9　综合布线系统工程材料统计表设计实训

1．工程应用

工程材料表是施工方内部使用的技术文件，详细清楚地记录了全部主要材料、辅助材料和消耗材料等。

2．综合布线系统工程材料统计表的规划与设计步骤

下面以图2-2所示的西元综合布线工程教学模型和图2-17所示的二层施工图为例，说明编制材料表的方法和步骤。

（1）文件命名和表头设计

创建1个A4幅面的Word文件，填写基本信息和表格类别，同时给文件命名，布线材料见表2-10。基本信息填写在表格上面，内容为"项目名称：西元教学模型""建筑物名称：2号楼""楼层：二层""文件编号：XY03-2-2"，表格类别填写在第一行，内容为"序

号""材料名称""型号或规格""数量""单位""品牌或厂家""说明"。

表2-10 西元综合布线工程教学模型二层布线材料

项目名称：西元教学模型　　建筑物名称：2号楼　　楼层：二层　　文件编号：XY03-2-2

序号	材料名称	型号或规格	数量	单位	品牌或厂家	说明
1	网络电缆	超5类非屏蔽电缆	12	m	西元	305m/箱
2	信息插座底盒	86型透明	12	个	西元	
3	信息插座面板	86型透明	12	个	西元	带螺钉2个
4	网络模块	超5类非屏蔽	12	个	西元	
5	语音模块	RJ-11	12	个	西元	
6	线槽	39×18/20×10	3.5/4	m	西元	
7	线槽直角	39×18/20×10	0/4	个	西元	
8	线槽堵头	39×18/20×10	2/1	个	西元	
9	线槽阴角	39×18/20×10	1/1	个	西元	
10	线槽阳角	39×18/20×10	1/0	个	西元	
11	线槽三通	39×18/20×10	0/1	个	西元	
12	安装螺钉	M6×16	20	个	西元	

编制人签字：　　　　　　　审核人签字：　　　　　　　审定人签字：
编制单位：西安开元电子实业有限公司　　　　　　　时间：

（2）填写序号栏

序号直接反映该项目材料品种的数量。一般是自动生成的，使用"1""2"等数字，不要使用"一""二"等。

（3）填写材料名称栏

材料名称必须正确，并且使用规范的名词术语。例如，填写"网络电缆"不能只写"电缆"或者"缆线"等，因为在工程项目中还会用到电力电缆，容易混淆，"缆线"是光缆和电缆的统称，也不准确。

（4）填写材料型号或规格栏

名称相同的材料通常有多种型号或者规格，就网络电缆而言，就有5类、超5类和6类、屏蔽和非屏蔽、室内和室外等多个规格，例如，可以在表中填写"超5类非屏蔽室内电缆"。

（5）填写材料数量栏

材料数量中必须包括网络电缆、模块等的数量，对有独立包装的材料一般按照最小包装数量填写，数量必须为整数，例如，网络电缆每箱为305m就填写"10箱"，而不能写"9.5箱"或者"2898m"。对规格比较多不影响现场使用的材料可以写成总数量要求，例如，PVC线管市场销售的长度规格有4m、3.8m、3.6m等，就可以写成"200m"，能够满足总数量要求就可以了。

（6）填写材料单位栏

材料单位一般有"箱""个""件"等，必须准确，不能没有材料单位或者填写错误。例如，如果PVC线管只有数量"200"而没有单位，采购人员就不知道是200m还是200根。

（7）填写材料品牌或厂家栏

同一种型号和规格的材料，不同的品牌或厂家产品的制造工艺一般不同，质量也不同，价格差别也很大。因此必须根据工程需求在材料表中明确地填写品牌和厂家，基本上确定该材料的价格，使得采购人员能够按照材料表要求准确地供应材料，以保证工程项目质量和施工进度。

（8）填写说明栏

说明栏主要是把容易混淆的内容说明清楚，例如，对网络电缆的说明为"每箱305m"。

（9）填写编制者信息

在表格的下边需要增加文件编制者信息，在文件打印后签名，对外提供时还需要单位盖章。例如，"编制人签字""审核人签字""审定人签字""编制单位：西安开元电子实业有限公司""时间"。

3．综合布线系统工程材料统计表设计实训

根据图2-8和表2-10的格式编制该网络综合布线系统的材料统计表。

1）实训工具：Excel工作表或Word表格。

2）实训设备：安装有Office软件的计算机、打印机。

3）实训材料：打印纸、笔。

4）实训课时：1课时。

5）实训过程：

①文件命名和表头设计。

②填写序号栏。

③根据使用的材料填写材料名称栏。

④根据使用的材料规格填写材料型号或规格栏。

⑤根据使用的材料数量填写材料数量栏。

⑥填写材料单位栏。

⑦填写材料品牌或厂家栏。

⑧填写说明栏。

⑨填写编制者信息。

⑩打印材料统计表。

6）实训质量要求与评分表。质量要求：项目名称正确，材料名称、规格/型号正确，数量合理。评分表见表2-11。

表2-11 综合布线系统工程材料统计表设计实训评分表

评 分 项 目	评 分 细 则	评 分 等 级	得　　分
项目名称	名称中必须有"××项目材料统计表"字样，名称正确5分，否则0分	0，5	
表格设计	行、列宽度合适，项目齐全，设计合理5分，否则0分	0，5	
材料类型	材料类型完整	0～10	
材料规格/型号	统计规格型号正确	0～10	
数量	数量计算合理	0～60	
签字	填写编制人等信息，签字正确5分，否则0分	0，5	
日期	填写设计日期，日期正确5分，否则0分	0，5	
总　　分			

7）实训报告，具体格式见表2-12。

表2-12 综合布线系统工程材料统计表实训报告

班　　级		姓　　名		学　　号	
课程名称				参考教材	
实训名称					
实训目的	1）通过材料统计表实训掌握材料统计表的编制要求和方法 2）掌握材料统计表在工程技术中的作用				
实训设备及材料					
实训过程或实训步骤					
总结报告及心得体会					

实训项目10　综合布线工程预算表设计实训

1. 工程应用

综合布线工程预算是综合布线设计环节的一部分，它对综合布线项目工程的造价估算和投标估价及后期的工程决算都有很大的影响。

2. 综合布线工程预算表的规划与设计步骤

下面以图2-2和图2-17所示的二层施工图为例，说明编制工程预算表的方法和步骤。

（1）文件命名和表头设计

创建1个A4幅面的Word文件，填写基本信息和表格类别，同时给文件命名，工程预算见表2-13。基本信息填写在表格上面，内容为"项目名称：西元教学模型""建筑物名称：2号楼""楼层：二层""文件编号：XY03-2-3"，表格类别填写在第一行，内容为"序号""材料名称""型号或规格""单价""数量""单位""金额""品牌或厂家"。

表2-13　西元综合布线工程教学模型二层工程预算

项目名称：西元教学模型　　建筑物名称：2号楼　　楼层：二层　　文件编号：XY03-2-3

序　号	材料名称	型号或规格	单价/元	数　　量	单　　位	金额/元	品牌或厂家
1	网络机柜	标准U机柜	100	1	个	100	西元
2	网络配线架	6口1U	50	2	个	100	西元
3	网络交换机	8口1U	400	1	台	400	西元
4	网络电缆	超5类非屏蔽电缆	3.5	12	m	42	西元
5	信息插座底盒	86型透明	3	12	个	36	西元
6	信息插座面板	86型透明	5	12	个	60	西元
7	网络模块	超5类非屏蔽	15	12	个	180	西元
8	语音模块	RJ-11	15	12	个	180	西元

（续）

序 号	材料名称	型号或规格	单价/元	数 量	单 位	金额/元	品牌或厂家
9	线槽	39×18	4	3.5	m	14	西元
10		20×10	2	4	m	8	西元
11	线槽直角	20×10	1	4	个	4	西元
12	线槽堵头	39×18	1	2	个	2	西元
13		20×10	1	1	个	1	西元
14	线槽阴角	39×18	1	11	个	11	西元
15		20×10	1	1	个	1	西元
16	线槽阳角	39×18	1	1	个	1	西元
17	线槽三通	20×10	1	1	个	1	西元
18	安装螺钉	M6×16	1	20	个	20	西元
19	设备总价（不含测试费）					1161	
20	设计费（5%）					58	
21	测试费（5%）					58	
22	督导费（5%）					58	
23	施工费（15%）					175	
24	税金（4%）					60	
25	总　　计					1570	

编制人签字：　　　　　　　　　审核人签字：　　　　　　　　　审定人签字：
编制单位：西安开元电子实业有限公司　　　　　　　　　　　　时间：

（2）填写序号栏

编写要求同实训项目9中设计步骤的第（2）步。

（3）填写材料名称栏

编写要求同实训项目9中设计步骤的第（3）步。

（4）填写材料型号或规格栏

编写要求同实训项目9中设计步骤的第（4）步。

（5）填写单价栏

单价栏主要是填写设备及材料价格。本栏价格可以使用当时的市场价格，也可以使用国家定额中规定的价格。

（6）填写材料数量栏

编写要求同实训项目9中设计步骤的第（5）步。

（7）填写材料单位栏

编写要求同实训项目9中设计步骤的第（6）步。

（8）填写金额栏

根据填写的单价和数量计算，将计算结果填写到金额栏中。

（9）填写材料品牌或厂家栏

编写要求同实训项目9中设计步骤的第（7）步。

（10）计算设计费、施工费等

根据设备总价按照相应的比例计算设计费、施工费。

（11）填写税金

税金是按照设备总价+设计费+施工费等的总和的4%计算。

（12）填写编制者信息

编写要求同实训项目9中设计步骤的第（9）步。

3．综合布线工程预算表设计实训

根据图2-8和表2-13的格式以及目前材料的市场价格编制该项目工程预算表。

1）实训工具：Excel工作表或Word表格。

2）实训设备：安装有Office软件的计算机、打印机。

3）实训材料：打印纸、笔。

4）实训课时：1课时。

5）实训过程：

①文件命名和表头设计。

②填写序号栏。

③根据使用的材料填写材料名称栏。

④根据使用的材料规格填写材料型号或规格栏。

⑤根据市场价格填写材料单价栏。

⑥根据使用的材料数量填写材料数量栏。

⑦填写材料单位栏。

⑧根据单价和数量栏计算金额，填写金额栏。

⑨填写材料品牌或厂家栏。

⑩计算设计费、施工费等并填写。

⑪计算税金并填写。

⑫填写编制者信息。

⑬打印工程预算表。

6）实训质量要求与评分表。质量要求：项目名称正确，材料名称、规格/型号正确，数量合理、单价和金额等计算正确。评分表见表2-14。

表2-14　综合布线工程预算表设计实训评分表

评分项目	评分细则	评分等级	得分
项目名称	名称中必须有"××项目工程预算表"字样，名称正确5分，否则0分	0，5	
表格设计	行、列宽度合适，项目齐全，设计合理5分，否则0分	0，5	
材料类型	材料类型完整	0～10	
材料规格/型号	统计规格型号正确	0～10	
数量	数量计算合理	0～20	
金额	金额计算正确	0～20	
其他相关费用	计算正确	0～20	
签字完整	填写编制人等信息，签字正确5分，否则0分	0，5	
日期完整	填写设计日期，日期正确5分，否则0分	0，5	
总　　分			

7）实训报告，具体格式见表2-15。

表2-15 综合布线工程预算表实训报告

班　级		姓　名		学　号	
课程名称				参考教材	
实训名称					
实训目的	1）通过工程预算表实训掌握工程预算表的编制要求和方法 2）掌握工程预算表在工程技术中的作用					
实训设备及材料					
实训过程或实训步骤					
总结报告及心得体会					

实训项目11　综合布线系统工程施工进度表设计实训

1．工程应用

施工进度表又称横道图，采用直角坐标系（原点取在左下角），以纵坐标表示工序，横坐标表示日期，将各工序从上到下排列起来，对每一工序从开工日期到结束日期画一条横线，全部工序做完以后就形成一张横道图，共有多少工作、什么时间该做哪些工作都一目了然，这个横道图又叫施工进度表。

2．综合布线系统工程施工进度表的规划与设计步骤

下面以图2-2所示的"西元"综合布线教学模型和图2-17所示的二层施工图为例，说明编制施工进度表的方法和步骤。

（1）文件命名和表头设计

创建1个A4幅面的Word文件，填写基本信息和表格类别，同时给文件命名，施工进度表见表2-16。基本信息填写在表格上面，内容为"项目名称：西元教学模型""建筑物名称：2号楼""楼层：二层""文件编号：XY03-2-4"，表格类型填写在第一行，内容填写"工种、工序""日期"。

表2-16　西元综合布线工程教学模型案例二层施工进度表

项目名称：西元教学模型　　　建筑物名称：2号楼　　　楼层：二层　　　文件编号：XY03-2-4

工种、工序	日期											
	1	2	3	4	5	6	7	8	9	10	11	12	13
机柜安装													
线槽、管安装													
管/槽布线													
配线架安装													
模块/面板安装													
系统链路测试													
验收													

编制人签字：　　　　　　　　　　审核人签字：　　　　　　　　　　审定人签字：
编制单位：西安开元电子实业有限公司　　　　　　　　　　　　　　　　时　间：

（2）填写工序

按照施工顺序将施工类型从上到下排列填写在第一列。

（3）填写工期

根据每个工序计算和统计施工工期，对每一工序从开工日期到结束日期画一条横线。

（4）填写编制者信息

在表格的下边，需要增加文件编制者信息，文件打印后签名，对外提供时还需要单位盖章。例如，"编制人签字""审核人签字""审定人签字""编制单位：西安开元电子实业有限公司""时间"。

3．综合布线系统工程施工进度表设计实训

根据图2-8和表2-16的格式，编制该项目工程施工进度表。

1）实训工具：Excel工作表或Word表格。

2）实训设备：安装有Office软件的计算机、打印机。

3）实训材料：打印纸、笔。

4）实训课时：1课时。

5）实训过程：

①文件命名和表头设计。

②填写工序。

③根据工程工序计算和填写工期。

④填写编制者信息。

⑤打印施工进度表。

6）实训质量要求与评分表。质量要求：项目工序齐全、工期计算正确。评分表见表2-17。

表2-17　综合布线系统工程施工进度表设计实训评分表

评分项目	评分细则	评分等级	得分
项目名称	名称中必须有"××项目工程施工进度表"字样，名称正确5分，否则0分	0，5	
表格设计	行、列宽度合适，设计合理5分，否则0分	0，5	
工序内容	工序内容齐全	0～50	
工期划分	工期划分合理	0～30	
签字	填写编制人等信息，签字正确5分，否则0分	0，5	
日期	填写设计日期，日期正确5分，否则0分	0，5	
总　分			

7）实训报告，具体格式见表2-18。

表2-18　综合布线系统工程施工进度表实训报告

班　级		姓　名		学　号	
课程名称				参考教材	
实训名称					
实训目的	1）通过施工进度表实训掌握施工进度表的编制要求和方法 2）掌握施工进度表在工程技术中的作用					
实训设备及材料						
实训过程或实训步骤						
总结报告及心得体会						

实训单元3
综合布线工程配线端接技术实训

综合布线工程配线端接技术是连接网络设备和综合布线系统的关键施工技术,包括网络跳线的制作、网络模块和配线架等的端接和安装、网络设备的配线连接等,这也是网络工程施工和维护的基本操作技能。

扫码看视频

> **学习目标**
> 1)了解网络配线端接的基本原理。
> 2)掌握网络配线端接方法。

综合布线工程配线端接技术实训

3.1 网络配线端接的重要性

网络配线端接技术是连接网络设备和综合布线系统的关键施工技术,通常每个网络系统管理间有数百甚至数千根网络电缆。在工程实际施工中,一般每个信息点的网络路由从终端PC→墙面信息插座→楼层管理间机柜内110型通信跳线架→网络配线架→接入层交换机→汇聚层交换机→核心层交换机等,需要平均端接12次,每次端接8个线芯,每个信息点至少需要端接96芯,因此,熟练掌握配线端接技术非常重要。网络配线端接路由示意图如图3-1所示。

图3-1 网络配线端接路由示意图

例如,如果进行1000个信息点的小型综合布线系统工程施工,按照每个信息点平均端接12次计算,该工程总共需要端接12000次,端接线芯96000次。如果操作人员端接线芯的线序和接触不良错误率按照1%计算,将会有960个线芯出现端接错误,假如这些错误平均出现在不同的信息点或者永久链路,其结果是这个项目可能有960个信息点出现链路不通。这样这个1000个信息点的综合布线工程竣工后,仅链路不通这一项错误率将高达96%,而且永久链路的这些线序或者接触不良错误很难及时发现和纠正,往往需要花费几倍的时间和成本才能解决,造成非常大的经济损失,严重时直接导致该综合布线系统无法验收和正常使用。因此,需要熟练掌握配线端接技术,以保证现场配线端接的施工质量。机柜内凌乱的配线端接和规范整齐的配线端接实物照片如图3-2所示。

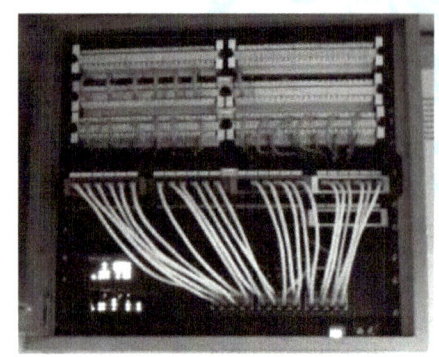

凌乱的配线与端接　　　　　　　　　　　规范整齐的配线与端接

图3-2　机柜内配线端接实物照片

3.2　配线端接技术原理和方法

目前网络系统使用的电缆都是4对网络双绞线电缆，每根双绞线有8芯，每芯都有外绝缘层。如果像电气工程那样将每芯线剥开外绝缘层直接拧接或者焊接在一起，不仅工程量大，还将严重破坏双绞节距，因此在网络施工中坚决不能采取电工缠绕式接线方法。

综合布线系统网络模块和配线架的配线端接基本原理是将线芯用机械力量压入两个刀片中，在压入过程中刀片将绝缘护套划破与铜线芯紧密接触，同时金属刀片的弹性将铜线芯长期夹紧，从而实现长期稳定的电气连接，如图3-3所示。

1. RJ-45水晶头端接原理和方法

（1）端接原理

利用网线钳的机械压力使RJ-45水晶头中的刀片首先压破线芯绝缘护套，然后压入铜线芯中，实现刀片与铜线芯的长期电气连接。每个RJ-45水晶头中有8个刀片，每个刀片与1个线芯连接。

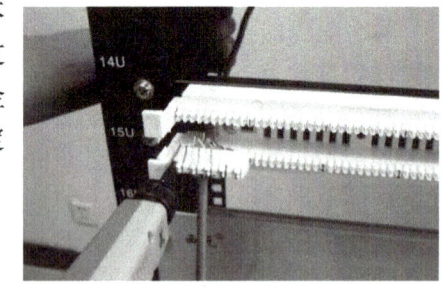

图3-3　使用打线工具将线芯卡入110型5对连接块中

注意观察压接后8个刀片比压接前低。RJ-45水晶头刀片压线前的位置图如图3-4所示，RJ-45水晶头刀片压线后的位置图如图3-5所示。

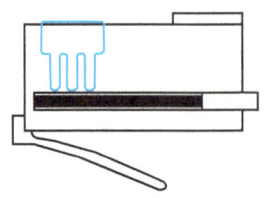
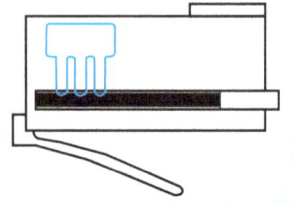

图3-4　RJ-45水晶头刀片压线前的位置图　　　图3-5　RJ-45水晶头刀片压线后的位置图

RJ-45水晶头刀片端接前的图片如图3-6所示，RJ-45水晶头刀片端接后的图片如图3-7所示。

图3-6　RJ-45水晶头刀片端接前的图片　　　图3-7　RJ-45水晶头刀片端接后的图片

（2）端接方法

RJ-45水晶头端接方法和步骤如下。

1）剥开外绝缘护套拆开4对双绞线。先将已经剥去绝缘护套的4对双绞线分别拆开相同长度，然后将每根线轻轻捋直。

2）将8根线排好线序并剪齐线端。按照568B线序（白橙，橙，白绿，蓝，白蓝，绿，白棕，棕）水平排好，如图3-8a和图3-8b所示。将8根线端头一次剪掉，留13mm长度，从线头开始，至少10mm导线之间不应有交叉，如图3-8c所示。

 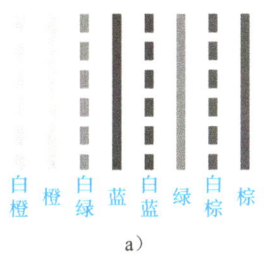 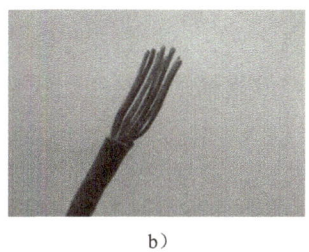 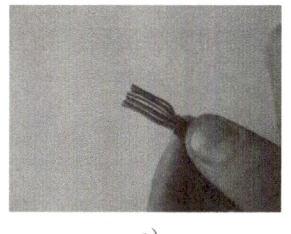

图3-8　剥开外绝缘护套

a）568B线序图　b）剥开排好568B线序照片　c）剪齐的双绞线照片

3）插入RJ-45水晶头，并用网线钳压接。将双绞线插入RJ-45水晶头内，如图3-9a所示。注意一定要插到底，如图3-9b所示。

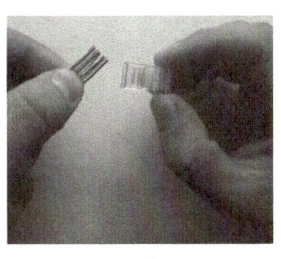 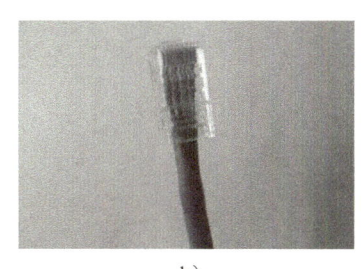

图3-9　双绞线插入RJ-45水晶头

a）双绞线插入RJ-45水晶头　b）双绞线全部插入RJ-45水晶头

（3）端接要求

对于双绞线拆开长度GB/T 50312中规定为每对双绞线应保持扭绞状态，扭绞松开长度对于3类电缆不应大于75mm，对于5类电缆不应大于13mm，对于6类及以上类别的电缆不应大于6.4mm。

端接制作时要求符合GB/T 50312的规定，线序正确，压接护套到位，剪掉撕拉线。

（4）端接常见故障

在RJ-45水晶头端接过程中通常会出现以下端接故障：

1）拆开长度不符合GB/T 50312的规定，且护套压接不到位，如图3-10a所示。
2）双绞线位置偏心，如图3-10b所示。
3）没有剪掉撕拉线，如图3-10c所示。
4）线序错误。没有按照568B线序端接。

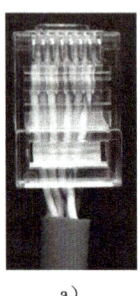 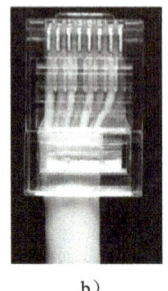 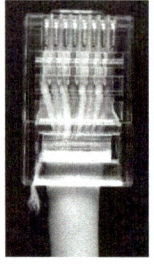

a)　　　　　　　　　b)　　　　　　　　　c)

图3-10　RJ-45水晶头端接常见故障

a）拆开长度过长，护套压接不到位　b）双绞线偏心　c）没有剪掉撕拉线

2．网络模块端接原理和方法

网络模块端接可分为2类：RJ-45网络模块端接和配线架模块端接。

（1）RJ-45网络模块端接

1）端接原理。利用打线刀的机械压力将双绞线的8根线芯逐一压接到模块的8个接线口刀片中，在快速端接过程中刀片首先快速划破线芯绝缘护套，然后与铜线芯紧密接触，利用刀片的弹性实现刀片与线芯的长期电气连接，这8个刀片通过电路板与RJ-45口的8个弹簧连接。在端接过程中利用打线刀前端的小刀片裁剪掉多余的线头。打线前刀片位置示意图如图3-11所示，打线后刀片与线芯位置示意图如图3-12所示。

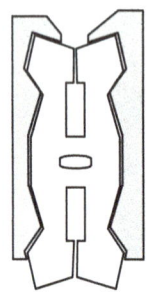 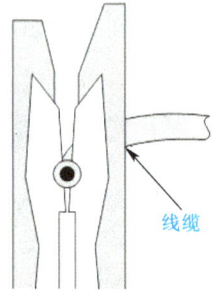

图3-11　模块刀片打线前位置示意图　　　　图3-12　模块刀片打线后位置示意图

模块刀片端接前的图片如图3-13所示，模块刀片端接后的图片如图3-14所示。

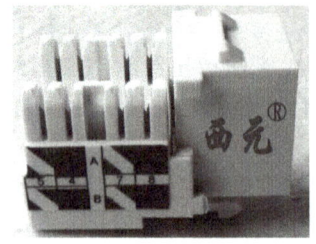 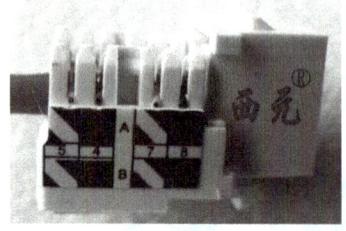

图3-13　模块刀片端接前的图片　　　　　　图3-14　模块刀片端接后的图片

2）端接方法。网络模块端接方法和步骤如下：
① 剥开外绝缘护套。
② 拆开4对双绞线。
③ 拆开单绞线。
④ 按照线序放入端接口，如图3-15所示。
⑤ 压接和剪线，特别注意刀片方向，只能剪掉端头，如图3-16所示。
⑥ 盖好防尘帽，如图3-17所示。

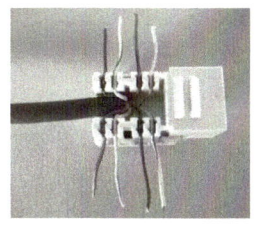
图3-15 放入端接口

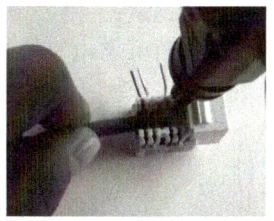
图3-16 压接和剪线

图3-17 盖好防尘帽

3）端接要求。进行网络模块端接时，根据网络模块的结构，按照端接顺序和位置将每对双绞线拆开并且端接到对应的位置，每对线拆开绞绕的长度越少越好，不能为了端接方便将线对拆开很长，特别在6类、7类系统端接时需要注意，因为端接的质量将直接影响永久链路的测试结果和传输速率。

模块端接时要求线序正确，压接到位，剪掉端头和撕拉线。

4）常见故障。
① 拆开长度不符合GB/T 50312的规定，如图3-18a所示。
② 线序错误。
③ 双绞线位置偏心，如图3-18b所示。
④ 没有剪掉端头，如图3-18c所示。
⑤ 没有剪掉撕拉线，如图3-18d所示。

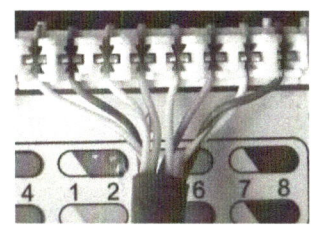

a)

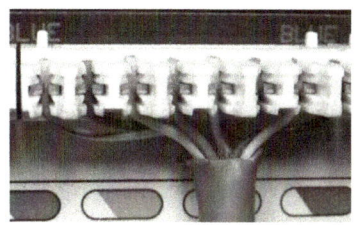

b)

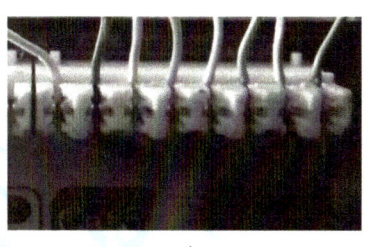

c)

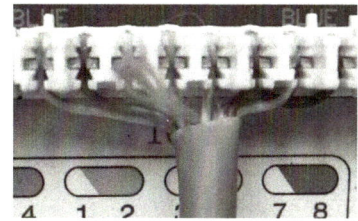

d)

图3-18 网络模块端接常见故障
a) 拆开长度过长　b) 双绞线位置偏心　c) 没有剪掉端头　d) 没有剪掉撕拉线

（2）通信配线架模块端接

1）端接原理。通信配线架一般使用5对连接块，5对连接块中间有5个双头刀片，每个刀片两头分别压接一根线芯，实现2根线芯的电气连接。

5对连接块的端接原理为：在连接块下层端接时，将每根线在110型通信配线架底座上对应的接线口放好，用力快速将5对连接块向下压紧，在压紧过程中刀片首先快速划破线芯绝缘护套，然后与铜线芯紧密接触，实现刀片与线芯的电气连接。

5对连接块上层端接与模块原理相同。将线逐一放到上部对应的端接口，在压接过程中刀片首先快速划破线芯绝缘护套，然后与铜线芯紧密接触实现刀片与线芯的电气连接，这样5对连接块刀片两端中都压好线，实现了两根线的可靠电气连接，同时裁剪掉多余的线头。5对连接模块压线前结构原理如图3-19所示，5对连接模块压线后结构原理如图3-20所示。

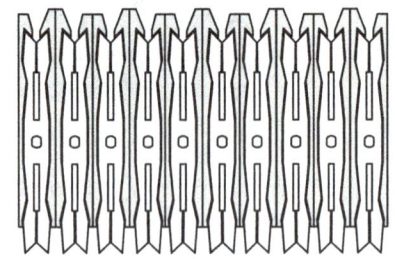   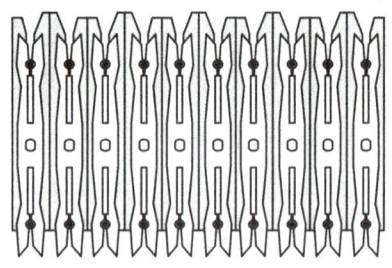

图3-19　5对连接模块在压接线前的结构　　　图3-20　5对连接模块在压接线后的结构

模块刀片端接前的图片如图3-21所示，模块刀片端接后的图片如图3-22所示。

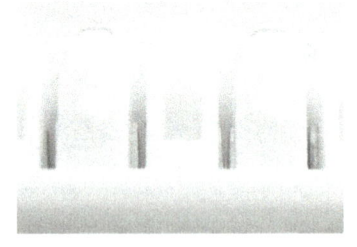   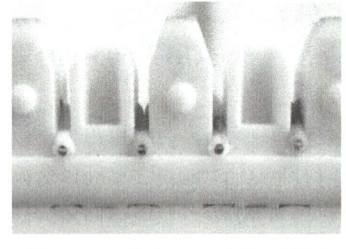

图3-21　模块刀片端接前的图片　　　图3-22　模块刀片端接后图片

2）端接方法。

5对连接块下层端接方法和步骤如下：

①剥开网线的外绝缘护套，剪掉撕拉线。

②剥开4对双绞线。

③剥开单绞线。

④按照线序放入端接口。

⑤将5对连接块用力压紧并且裁线。

5对连接块上层端接方法和步骤如下：

①剥开外绝缘护套，剪掉撕拉线。

②剥开4对双绞线。

③剥开单绞线。

④按照线序放入端接口。

⑤用110打线刀逐一压接每个线芯，同时剪掉余线。

⑥盖好防尘帽。

3.3 配线端接实训设备及工具介绍

1. 网络配线端接实训设备

为了高效训练和掌握综合布线配线端接技术，需要使用专业设备进行多次反复训练。下面以图3-23所示的数实融合综合布线实训装置（型号KYPXZ-01-55），以及图3-24所示的全国职业院校技能大赛网络综合布线竞赛项目指定使用的网络配线实训装置（型号KYPXZ-01-52）进行技能实训。

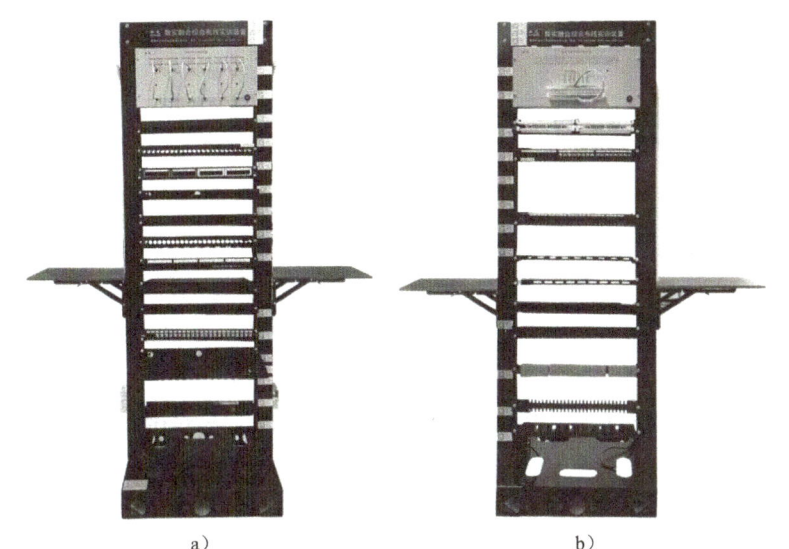
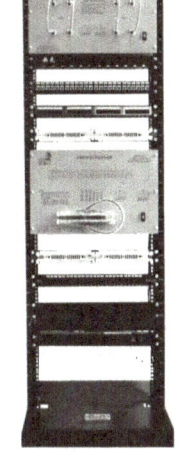

图3-23　数实融合综合布线实训装置　　　　图3-24　网络配线实训装置
a）正面　b）背面

（1）产品配置和技术规格（见表3-1）

表3-1　实训设备产品配置表

类别	产品技术规格	
产品型号	KYPXZ-01-55	KYPXZ-01-52
外形尺寸	长1400mm，宽500mm，高1800mm	长600mm，宽500mm，高1800mm
电压/功率	交流220V/50W	交流220V/50W
主要配套设备	1）综合布线测试装置1台（5U[①]） 2）综合布线端接训练装置1台（5U） 3）收纳式理线架3个 4）直通式理线架3个 5）超5类网络配线架1个 6）25口语音配线架1个 7）网络配线架打线工装1个 8）110型通信跳线架1个 9）6类直通式网络配线架2套 10）U形扎线杆1个 11）6类模块式屏蔽配线架1套 12）L形扎线杆1个 13）全封闭式毛刷理线架1个 14）半封闭式毛刷理线架1个 15）绑线条固线器1套 16）零件工具盒1个 17）鱼骨理线槽1个 18）理线盲板1个 19）折叠式操作台2个 20）电源分配单元1个 21）配线子系统2套 22）链接数字化教学实训视频二维码34个	1）网络压接线实验仪1台（7U） 2）网络跳线测试仪1台（7U） 3）19in[②]24口网络配线架2台 4）19in 110型通信跳线架2台 5）19in网络理线环2台 6）PDU电源插座1个 7）零件/工具盒1个

(续)

实训人数	每台设备适合正面2人，背面2人，同时进行实训操作	每台设备适合2人同时实训
实训项目	1）网络跳线与网络模块制作端接技能训练 2）超5类IT永久链路技能训练 3）6类IT永久链路技能训练 4）6类IT屏蔽永久链路技能训练 5）6类永久链路工程技能训练 6）大对数电缆端接技能训练 7）6类复杂链路技能训练 8）语音配线架端接技能训练 9）6类ICT永久链路工程技能训练	1）网络跳线和模块端接实训 2）配线架端接实训 3）通信跳线架端接实训 4）各种链路搭建和端接实训 5）网络跳线测试
实训课时	20课时	12课时

① 1U=44.45mm。
② 1in=25.4mm。

（2）数实融合综合布线实训装置（KYPXZ-01-55）产品特点和功能

1）本实训装置为网络配线实训装置最新产品，配置有综合布线系统工程常用器材和配线设备，以及最新理线设备，包括收纳式理线架、理线盲板、直通式理线架、扎线杆、绑线条固线器、毛刷理线架、鱼骨理线槽。

2）综合布线测试装置设计有6组×18个，共108个指示灯，能够同时测试6组屏蔽或非屏蔽网络跳线、链路等。

3）综合布线端接训练装置共有100个指示灯分50组，同时和持续显示6根双绞线全部96次端接情况。

4）配置有34个指导视频二维码，将学习资源与实训设备轻松连接起来。学生可以根据自己的需要和节奏，随时随地观看指导视频，加深对操作要点和技能技巧的理解。

5）专业实训设备，实训项目多，有5个独立的实训区域：5类链路搭建、6类链路搭建、屏蔽链路搭建、ICT链路搭建、器材展示区，每个实训均可进行24条链路的搭建，可单人独立完成或合作完成，加深教师与学生对工匠精神的深刻理解。

6）能够直观判断网络跳线制作时出现的跨接、反接、短路、开路等故障。

7）能与超5类非屏蔽网络配线架、6类非屏蔽直通式网络配线架、6类屏蔽网络配线架、110型通信跳线架组合进行多种永久链路的端接实训，仿真配线子系统、垂直子系统的端接和理线技能训练。

8）能够人为模拟配线端接、永久链路常见故障，如跨接、反接、短路、开路等。

9）具有搭建多种网络永久链路和信道测试链路平台功能。

10）装置两侧安装有折叠操作台，实训时撑起操作台可放置工具与耗材，节省空间。

（3）网络配线实训装置（KYPXZ-01-52）产品特点和功能

1）本实训装置为国家专利产品，专业实训设备，实训项目多，性价比高。

2）网络压接线实验仪能够进行网络双绞线配线端接实训。每次端接6根双绞线的两端，每根双绞线两端各端接线8次，每次实训每人端接线96次。

3）网络压接线实验仪共有100个指示灯分50组，同时和持续显示6根双绞线全部96次端接情况。每芯线端接有对应的指示灯直观和持续显示电气连接状况和线序，直观判断6根双绞线跨接、反接、短路、断路等各种故障。

4）网络跳线测试仪能够制作和同时测量4根网络跳线，对应指示灯显示两端RJ-45接头端接连接状况和线序。

5）网络跳线测试仪每根跳线对应9组18个指示灯直观和持续显示连接状况和线序，共有36组72个指示灯，同时显示4根跳线的全部线序情况。

6）能够直观判断网络跳线制作时出现的跨接、反接、短路、开路等故障。

7）能与网络配线架、通信跳线架组合进行多种永久链路的端接实训，仿真网络机柜配线端接。

8）能够人为模拟配线端接、永久链路常见故障，如跨接、反接、短路、开路等。

9）具有搭建多种网络永久链路和信道测试链路平台功能。

（4）产品使用方法

1）网络跳线测试仪的使用。仪器面板安装有72个指示灯和8个RJ-45网络插口。每2个RJ-45网络插口对应9组18个指示灯，能够同时测试4根网络跳线的全部线序情况，指示灯直观和持续显示网络跳线连接状况和线序。

将已经制作好跳线两端的RJ-45水晶头分别插入测试仪上下对应的插口中，观察测试仪指示灯闪烁顺序。具体显示结果如下：

直线配线时，每芯线对应的上下2个指示灯按照1～8的顺序同时反复闪烁。

交叉配线时，每芯线对应的上下2个指示灯按照实际交叉的顺序反复闪烁。

错误配线时，每芯线对应的上下2个指示灯按照实际配线的顺序反复闪烁。

1个或多个线芯断线或未压紧时，对应端口的指示灯不亮。

2）网络压接线实验仪的使用。网络压接线实验仪能够进行网络双绞线配线端接实训，每台设备每次端接6根双绞线的两端，每根双绞线两端各端接线8次，每次实训每人端接线96次。

每芯线端接有对应的指示灯直观和持续显示端接连接状况和线序，共有100个指示灯分50组，同时显示6根双绞线的全部端接情况，能够直观判断网络双绞线端接时出现的跨接、反接、短路、断路等故障。

进行网络模块端接实训前，将网络压接线实验仪的电源开关打开，将网线两头剥开后，用网线钳将线芯按照线序，逐个上下对应压到跳线架模块中，观察测试仪指示灯闪烁情况。具体操作显示如下：

① 线序和端接正确时，上下对应的指示灯亮。

② 线芯端接不良或断线时，上下对应的指示灯不亮。

③ 线序端接错误时，上下对应的指示灯按照实际线序亮。

2．常用工具介绍

在配线端接施工中，要用到多种电缆施工工具。下面以西元综合布线工具箱为例分别进行说明，见表3-2。

表3-2 综合布线工具箱

类别	产品技术规格	
产品型号	KYGJX-13	KYGJX-12
外形尺寸	长530mm，宽315mm，高160mm	
工具种类	27种	26种
产品图片	（见彩图）	

（1）综合布线工具箱（KYGJX-13）工具箱

1）装箱单：综合布线工具箱共有27种工具，工具名称和数量如图3-25所示。

2）配套实训指导视频：该工具箱配套有实训指导视频，请扫描图3-25左侧二维码观看。

3）配套教学实训资源：该工具箱配套有丰富的教学实训资源，可与西元公司联系获取。

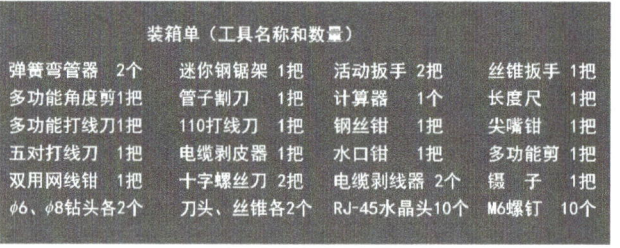

扫码看视频

综合布线工具箱介绍

图3-25 综合布线工具箱装箱单（工具名称和数量）

（2）综合布线工具箱（KYGJX-13）配套工具的使用方法

1）弹簧弯管器：用于弯曲ϕ20PVC管，如图3-26所示。

2）长度尺：与弹簧弯管器配合使用，用于测量PVC管，如图3-27所示。

3）迷你钢锯架：主要用于锯断ϕ50PVC管，如图3-28所示。

图3-26 弹簧弯管器　　　图3-27 长度尺　　　图3-28 迷你钢锯架

4）多功能角度剪：主要用于裁剪任意角度PVC线槽，如图3-29所示，使用时根据需要裁剪的角度调整角度，进行裁剪。

5）管子割刀：主要用于剪切PVC线管，如图3-30所示。使用时首先用力向外掰刀柄，将刀口张开，然后将线管放入刀口内，最后压紧刀柄，使刀刃切入线管，同时旋转，切断线管。适合切断直径≤40mm的PVC管。注意：不能切割金属管，手指远离刀口。

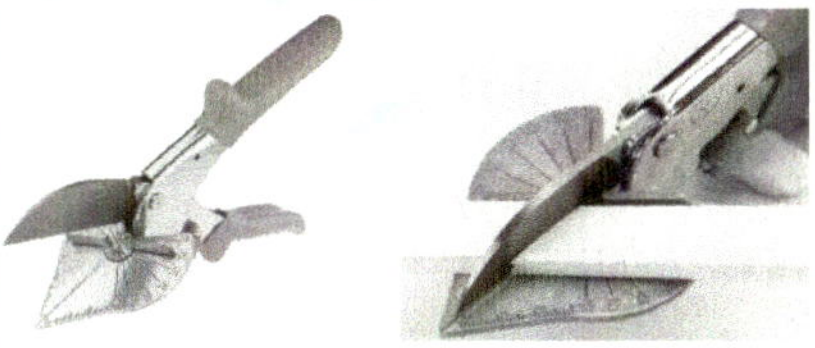

图3-29　多功能角度剪及其使用方法　　　　图3-30　管子割刀及其使用方法

6）多功能打线刀：主要用于语音配线架模块端接打线，如图3-31所示。打线刀上带有勾刀和切刀，当线缆打错位置时，可用勾刀将线勾出；当打线不到位时，可用切刀将线再压一下。

 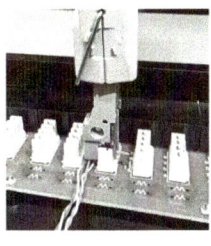  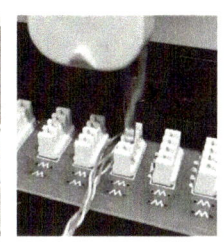

图3-31　多功能打线刀及其使用方法

7）110打线刀：主要用于网络配线架模块和网络模块端接，如图3-32所示。使用时只需要简单地在手柄上推一下，就能完成将导线卡接在模块中，完成端接过程。打线刀必须保证垂直，突然用力向下压，听到"咔嚓"声，配线架中的刀片会划破线芯的外包绝缘外套，与铜线芯接触。

8）5对打线刀：主要用于110型通信配线架配套的5对卡接模块端接，如图3-33所示。

 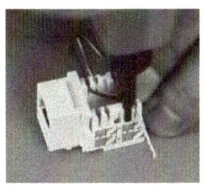  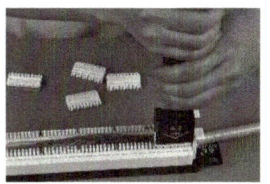

图3-32　110打线刀及其使用方法　　　　图3-33　5对打线刀及其使用方法

9）电缆剥皮器：主要用于大对数电缆剥皮、剥除外护套等，如图3-34所示。

10）双用网线钳：主要用于压接水晶头，同时具备剥线和剪线功能，如图3-35所示。网线钳的8个卡齿精准对接水晶头的8个刀片，刀口平整，压制锲合度高，位置正确。在刀片外面安装有安全挡板，请勿拆除，防止刀片割伤手指。

 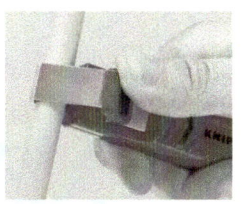  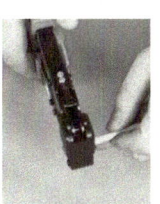

图3-34　电缆剥皮器及其使用方法　　　　图3-35　双用网线钳及其使用方法

11）十字螺丝刀：用于装置上的螺钉安装拆卸，如图3-36所示。

12）活动扳手：主要用于拧紧螺母，使用时应调整钳口开合与螺母规格相适应，并且用力适当，防止扳手滑脱，如图3-37所示。

13）丝锥扳手：与丝锥配合用于对螺纹孔进行过丝，如图3-38所示。

14）M6丝锥：主要用于对M6螺纹孔的过丝。

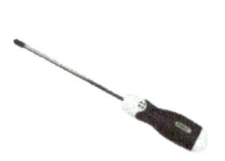  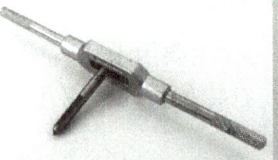

图3-36　十字螺丝刀　　　图3-37　活动扳手 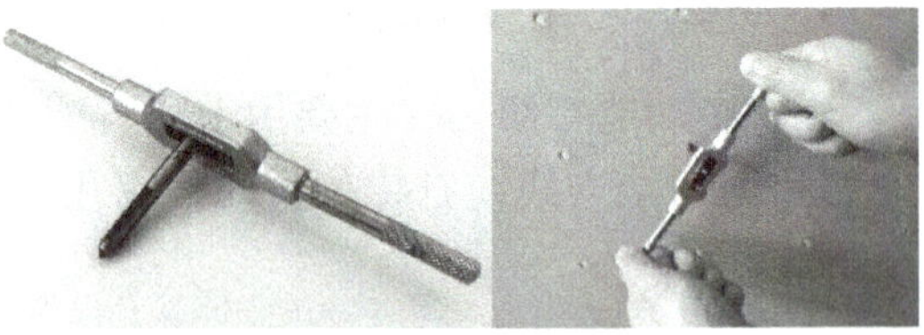　　　图3-38　丝锥扳手、丝锥及其使用方法

15）镊子：主要用于夹取较小的物品，使用时注意防止尖头伤人，如图3-39所示。

16）计算器：主要用于施工过程中的数值计算，如图3-40所示。

17）钢卷尺：主要用于量取耗材、布线长度，如图3-41所示。

图3-39　镊子　　　　　图3-40　计算器 　　　　　图3-41　钢卷尺

18）钢丝钳：主要用于拔插连接块、夹持线缆等器材、剪断钢丝等，如图3-42所示。

19）尖嘴钳：主要用于夹持线缆等器材，如图3-43所示。

20）水口钳：主要用于剪断网线线端等，如图3-44所示。

21）多功能剪：主要用于剪断网线撕拉线等，如图3-45所示。

   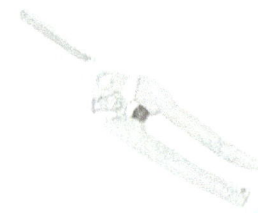

图3-42　钢丝钳　　　图3-43　尖嘴钳　　　图3-44　水口钳　　　图3-45　多功能剪

22）电缆剥线器：主要用于剥除同轴电缆或网线外皮，如图3-46所示。使用时首先用配套的内六角扳手调节刀片高度，适合切开护套外皮的60%～90%，不能全部切透，然后顺时针旋转1或2圈切断护套，最后用力拔出护套即可。

 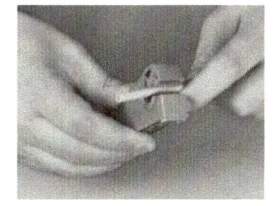 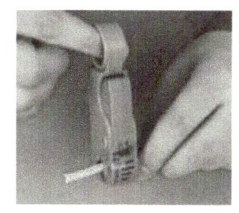

图3-46 电缆剥线器及其操作方法

23）麻花钻头：主要用于在需要开孔的材料上钻孔，如图3-47所示。

24）十字刀头：配合电动螺丝刀用于十字螺钉的拆装，使用时应确认十字刀头安装牢固，如图3-48所示。

25）水晶头：超5类非屏蔽RJ-45水晶头，用于网络跳线的制作，如图3-49所示。

26）螺钉：用于固定实训设备用，属于实训耗材，如图3-50所示。

 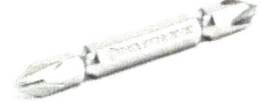  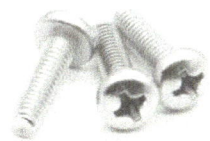

图3-47 麻花钻头　　　　图3-48 十字刀头　　　　图3-49 水晶头　　　　图3-50 螺钉

（3）综合布线工具箱（KYGJX-12）配套工具的使用方法

1）锯弓：主要用于锯切PVC管槽，如图3-51所示。

2）美工刀：主要用于切割实训材料或剥开线皮，如图3-52所示。

3）不锈钢角尺：用于量取尺寸、画直角线等，如图3-53所示。

4）条形水平尺：用于量取线槽、线管布线是否水平等，如图3-54所示。

5）弯头模具：主要用于锯切一定角度的线管、线槽，如图3-55所示。使用时将线槽水平放入弯头模具内槽中。

图3-51 锯弓　　图3-52 美工刀　　图3-53 不锈钢角尺　　图3-54 条形水平尺　　图3-55 弯头模具

其余工具使用方法与综合布线工具箱（KYGJX-13）相同。

3.4　综合布线工程技术与应用

综合布线配线端接技术广泛应用在各个子系统，也是综合布线工程安装与运维的关键技术技能，更多工程技术知识与应用案例，请参考本书配套的《网络综合布线系统工程技术实训教程　第5版》，该书由王公儒主编，机械工业出版社出版，封面和书号详见本书封底。

3.5 工程经验

综合布线配线端接质量的好坏直接影响网络链路的性能。在工程项目端接过程中需要注意以下几点：

1. 配线合理

在施工过程中，管理间设备之间要进行合理配线，需要根据设备之间连接的距离制作长度适合的跳线，并进行标记和整理，方便管理和日常维护。

2. 正确端接

模块端接时，使用相同的标准进行端接，一般使用T568B线序进行端接。

实训项目12 网络跳线制作和测试实训

1. 工程应用

网络跳线主要用于网卡与模块之间的连接、配线设备之间的连接。跳线的做法遵循国际标准EIA/TIA-568，有A、B两种端接方式，如图3-56所示。网络跳线线序的定义见表3-3。

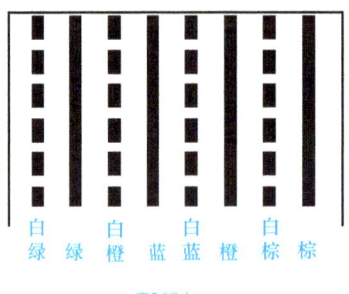
T568A

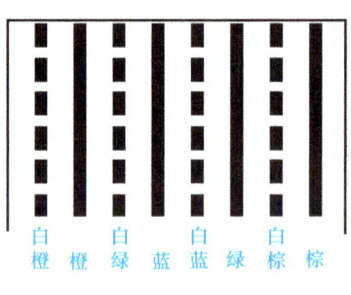
T568B

图3-56 跳线的线序

表3-3 网络跳线线序的定义

线 序	1	2	3	4	5	6	7	8
T568A	白绿	绿	白橙	蓝	白蓝	橙	白棕	棕
T568B	白橙	橙	白绿	蓝	白蓝	绿	白棕	棕
绕对	同一绕对		与6同一绕对	同一绕对		与6同一绕对	同一绕对	

2. 网络跳线制作操作方法

网络跳线包括很多种，如超5类非屏蔽跳线、超5类屏蔽跳线、6类跳线、7类跳线等，这里以超5类非屏蔽跳线为例介绍跳线制作的操作方法。

制作1根超5类非屏蔽铜缆跳线，568B-568B线序，长度600mm。要求跳线长度误差控制在±5mm，线序正确，压接护套到位，剪掉撕拉线，符合GB/T 50312规定，跳线测试合格。具体操作步骤如下。

1）剥开双绞线外绝缘护套，并剪掉撕拉线。剪掉端头破损的双绞线，使用专门的剥线器或者网线钳沿双绞线外皮旋转一圈，剥去约30mm的外绝缘护套，如图3-57和图3-58所示。

特别注意： RJ-45水晶头制作时，双绞线的接头处拆开线段的长度不应超过20mm，压接好水晶头后拆开线芯长度必须小于13mm，过长会引起较大的近端串扰。

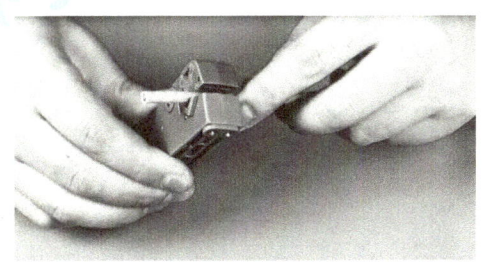 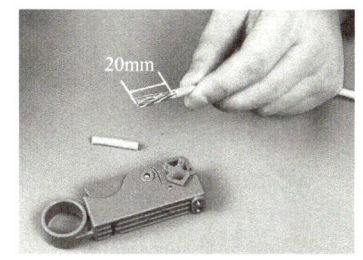

图3-57　剥开双绞线外绝缘护套　　　　图3-58　抽取双绞线外绝缘护套

2）拆开4对双绞线，8芯线排好线序。将抽去外皮的双绞线按照对应颜色拆开，如图3-59所示。把4对双绞线分别拆开，同时将每根线轻轻捋直，按照568B线序水平排好，如图3-60所示。在排线过程中注意从线端开始，至少长为10mm的导线之间不应有交叉或者重叠。

3）剪齐线端。把整理好线序的8根线端头一次剪掉，留13mm长度，如图3-61所示。

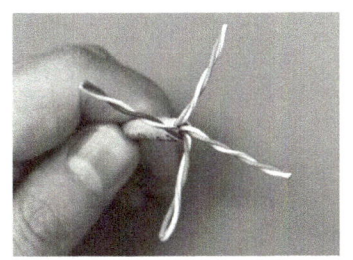 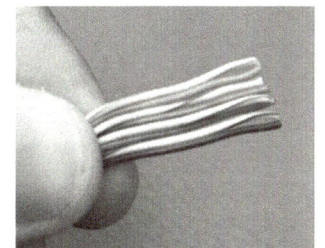

图3-59　拆开4对双绞线　　　　　　　图3-60　8芯线排好线序

4）插入RJ-45水晶头和压接。把水晶头刀片一面朝自己，将白橙线对准第一个刀片插入8芯双绞线，每芯线必须对准一个刀片，插入RJ-45水晶头内，保持线序正确，而且一定要插到底。然后把RJ-45水晶头放入网线钳对应的刀口中，用力一次压紧，如图3-62和图3-63所示。

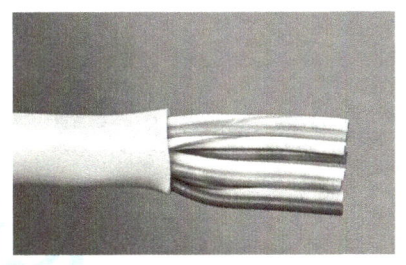 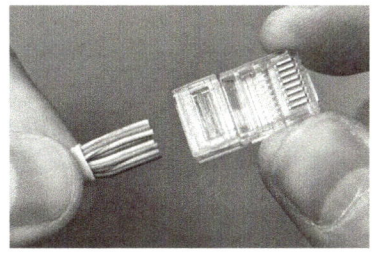

图3-61　剪齐线端　　　　　　　　　　图3-62　插入RJ-45水晶头

重复步骤1）～4）完成另一端水晶头的制作，这样就完成了一根网络跳线了。

5）网络跳线测试。把跳线两端RJ-45水晶头分别插入测试仪上下对应的插口中，观察测试仪指示灯的闪烁顺序，如图3-64所示。

这里简单介绍一下6类水晶头的制作方法。首先认识一下6类水晶头。6类水晶头一般使用6类线，因为6类线比5类线粗一些，因此，从外观上就能看出6类和5类水晶头的区别。此外，6类水晶头采用线芯双层排列方式，目的是尽可能减少线对开绞长度，从而降低串扰影响。即上下分层排列，上排4根，下排4根，如图3-65所示。水晶头的制作步骤如图3-66所示。

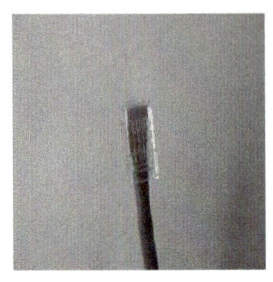
图3-63　压接后的RJ-45水晶头

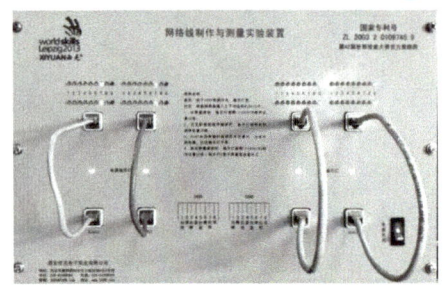
图3-64　网络跳线测试

图3-65　6类水晶头

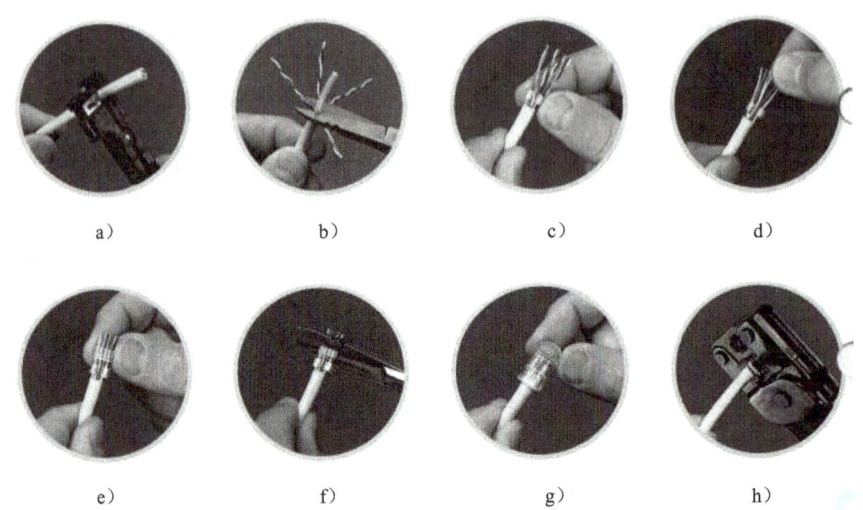

图3-66　6类RJ-45水晶头的制作步骤

a）剥去外绝缘护套　b）剪去十字骨架　c）安装分线器　d）理线　e）安装单排插件　f）剪线　g）插入水晶头　h）压线

3．网络跳线制作和测试实训

制作网络跳线10根，并且跳线测试合格。

其他具体要求如下：
① 2根超5类非屏蔽铜缆网线跳线，568B-568B线序，长度500mm。
② 2根超5类非屏蔽铜缆跳线，568A-568A线序，长度400mm。
③ 2根超5类屏蔽铜缆跳线，568B-568B线序，长度500mm。
④ 2根6类非屏蔽铜缆跳线，568B-568B线序，长度500mm。
⑤ 2根6类非屏蔽铜缆跳线，568A-568A线序，长度400mm。

1）实训工具：综合布线工具箱（KYGJX-13）1套。

2）实训设备：数实融合综合布线实训装置（型号KYPXZ-01-55）或网络配线实训装置（型号KYPXZ-01-52），"西元"配线实训装置系列产品如图3-67所示。

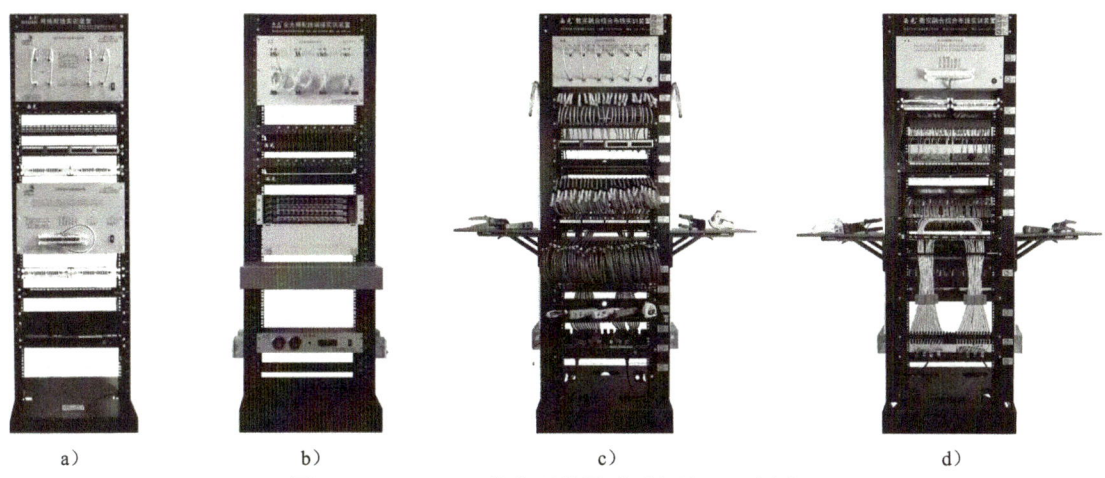

图3-67 "西元"配线实训装置系列产品（见彩图）
a）KYPXZ-01-52　b）KYPXZ-02-06　c）KYPXZ-01-55正面　d）KYPXZ-01-55背面

3）实训材料：超5类非屏蔽网线2m、超5类屏蔽网线1m、6类非屏蔽网线2m、超5类非屏蔽水晶头8个、超5类屏蔽水晶头4个、6类非屏蔽水晶头8个。

4）实训课时：1课时。

5）实训过程：
① 按照要求准备材料。
② 剥开双绞线一端外绝缘护套。
③ 剪掉牵引线。
④ 拆开4对双绞线和8芯线并且排好线序。
⑤ 剪齐线端。
⑥ 插入RJ-45水晶头。
⑦ 压接。
⑧ 重复步骤②～⑦制作另一端水晶头端接。
⑨ 网络跳线测试。

6）实训质量要求与评分表。质量要求：跳线制作长度误差控制在±5mm，线序正确，压接护套到位，剪掉撕拉线，符合GB/T 50312规定，跳线测试合格。评分表见表3-4。

表3-4 网络跳线制作和测试实训评分表

评分项目	评分细则	评分等级		得 分
网络跳线制作和测试	每根跳线5分，长度不正确（长或短大于5mm）直接扣除该跳线5分。其中，跳线测试合格2分；线序、端接正确2分；两端剪掉撕拉线1分	跳线1	0，1，2，3，4，5	
		跳线2	0，1，2，3，4，5	
		跳线3	0，1，2，3，4，5	
		跳线4	0，1，2，3，4，5	
		跳线5	0，1，2，3，4，5	
		跳线6	0，1，2，3，4，5	
		跳线7	0，1，2，3，4，5	
		跳线8	0，1，2，3，4，5	
		跳线9	0，1，2，3，4，5	
		跳线10	0，1，2，3，4，5	
总 分				

7）实训报告，具体格式见表3-5。

表3-5 网络跳线制作和测试实训报告

班 级		姓 名		学 号	
课程名称					
实训名称			参考教材		
实训目的	1）掌握RJ-45水晶头和网络跳线的制作方法和技巧 2）掌握网络线的色谱、剥线方法、预留长度和压接顺序 3）掌握各种RJ-45水晶头和网络跳线的测试方法 4）掌握网络跳线压接常用工具和操作技巧				
实训设备及材料					
实训过程或实训步骤					
总结报告及心得体会					

实训项目13 测试链路端接和测试实训

1. 工程应用

测试链路是对配线链路进行测试，基本操作路由为：测试仪→网络配线架→110型通信跳线架→测试仪。工程项目中使用测试仪对管理间配线链路进行测试。

2. 测试链路端接和测试操作方法

测试链路端接包括3根跳线的端接，端接路由为：仪器RJ-45口（下排）→配线架RJ-45口→配线架网络模块→通信跳线架模块下层→通信跳线架模块上层→仪器RJ-45口（上排）。具体操作方法如下：

1）按照RJ-45水晶头的制作方法制作第1根网络跳线，两端RJ-45水晶头端接，测试合格后将一端插在测试仪下部的RJ-45口中，另一端插在配线架RJ-45口中，如图3-68所示。

2）把第2根网线一端按照568B线序端接在网络配线架模块中，另一端端接在110型通信跳线架下层，并且压接好5对连接块，如图3-69所示。

图3-68　第1根跳线端接

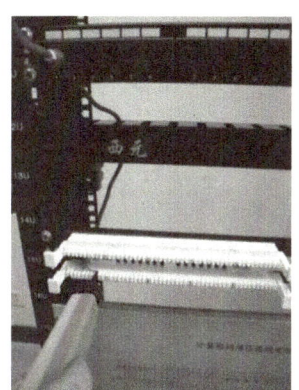

图3-69　第2根跳线端接

3）把第3根网线一端端接好RJ-45水晶头，插在测试仪上部的RJ-45口中，另一端端接在110型通信跳线架模块上层，端接时对应的指示灯会直观显示线序和电气连接情况，如图3-70所示。

完成上述步骤就形成了有6次端接的一个测试链路。

4）测试。压接好模块后，16个指示灯会依次闪烁，显示线序和电气连接情况，如图3-71所示。

图3-70　第3根跳线端接

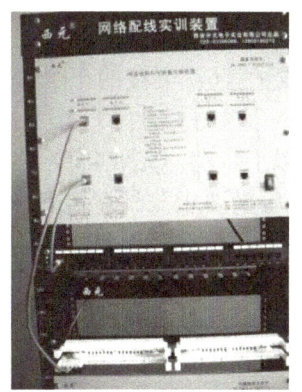

图3-71　测试

3. 测试链路端接和测试实训

在实训装置系列产品上，完成4组测试链路布线、端接和测试，路由和端接位置如图3-72所示。

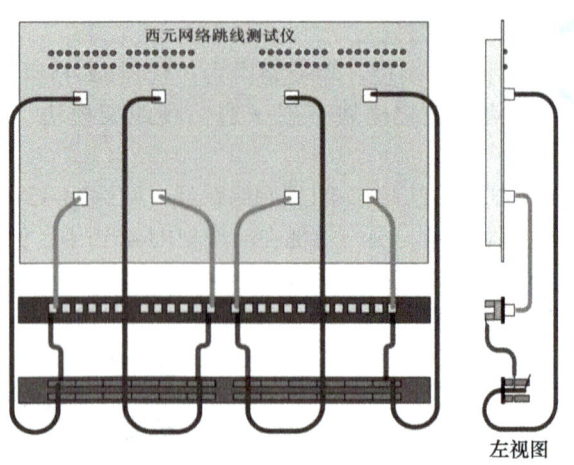

图3-72 测试链路的路由示意图（见彩图）

1）实训工具：综合布线工具箱（KYGJX-13）中剥线器1把、网线钳1把、多功能剪1把、打线刀1把、钢卷尺1个。

2）实训设备：数实融合综合布线实训装置（型号KYPXZ-01-55），或网络配线实训装置（型号KYPXZ-01-52）。

3）实训材料：超5类非屏蔽网线5m、超5类非屏蔽水晶头12个。

4）实训课时：2课时。

5）实训过程：

①准备材料和工具，打开西元网络跳线测试仪电源开关。

②按照RJ-45水晶头的制作方法，制作第1根网络跳线，两端RJ-45水晶头端接，测试合格后将一端插在测试仪下部的RJ-45口中，另一端插在配线架RJ-45口中。

③把第2根网线一端按照568B线序端接在网络配线架模块中，另一端端接在110型通信跳线架下层，并且压接好5对连接块。

④把第3根网线一端端接好RJ-45水晶头，插在测试仪上部的RJ-45口中，另一端端接在110型通信跳线架模块上层，端接时对应的指示灯会直观显示线序和电气连接情况。完成上述步骤就形成了有6次端接的一个永久链路。

⑤测试。压接好模块后，16个指示灯会依次闪烁，显示线序和电气连接情况。

⑥重复以上步骤，完成4个网络永久链路和测试。

6）实训质量要求与评分表。质量要求：链路端接正确，每段跳线长度合适，端接处拆开线对长度合适，剪掉撕拉线。评分表见表3-6。

表3-6 测试链路端接和测试实训评分表

评分项目	评分细则		评分等级	得分
测试链路和线序	每组链路15分，电气不通、路由错误，则该组链路不得分。其中，每根跳线长度合适5分；线序和端接正确5分；剪掉撕拉线5分	链路1	0，5，10，15	
		链路2	0，5，10，15	
		链路3	0，5，10，15	
		链路4	0，5，10，15	
总　　分				

7）实训报告，具体格式见表3-7。

表3-7 测试链路端接和测试实训报告

班　级		姓　名		学　号	
课程名称				参考教材	
实训名称					
实训目的	1）设计测试链路端接路由图 2）熟练掌握跳线制作、110型通信跳线架和RJ-45网络配线架端接方法 3）掌握链路测试技术					
实训设备及材料						
实训过程或实训步骤						
总结报告及心得体会						

实训项目14 复杂链路端接和测试实训

1．工程应用

工程项目中常用的端接包括网络模块、网络配线架、110型通信跳线架之间的配线与端接。

2．复杂链路端接和测试操作方法

测试链路端接包括3根跳线的端接，端接路由为：仪器面板网络模块（下排）→配线架RJ-45口→配线架网络模块→通信跳线架模块（上排）下层→通信跳线架模块（上排）上层→仪器面板网络模块（上排）。具体操作方法如下：

1）完成第1根网线端接，一端与仪器面板网络模块（下排）端接，另一端进行RJ-45水晶头端接，插在配线架RJ-45口，如图3-73所示。

2）完成第2根网线端接，一端与24口配线架模块端接，另一端与通信跳线架模块下层端接，如图3-74所示。

3）完成第3根网线端接，一端与110型通信跳线架模块上层端接，另一端与压接线实验仪上跳线架的上排模块端接，这样就形成了一个有6次端接的网络链路，如图3-75所示。

4）仔细观察指示灯，及时排除端接中出现的断路、短路、跨接、反接等常见故障，如图3-76所示。

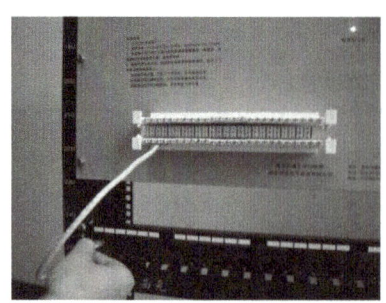
图3-73　第1根跳线端接

图3-74　第2根跳线端接

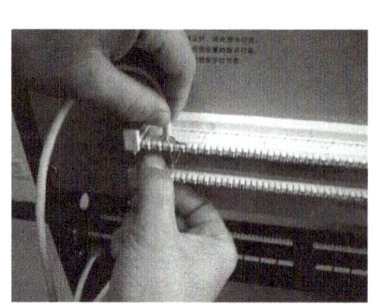
图3-75　第3根跳线端接

图3-76　测试

3．复杂链路端接和测试实训

在实训装置系列产品上完成6组复杂链路布线、端接和测试，路由和端接位置如图3-77所示。

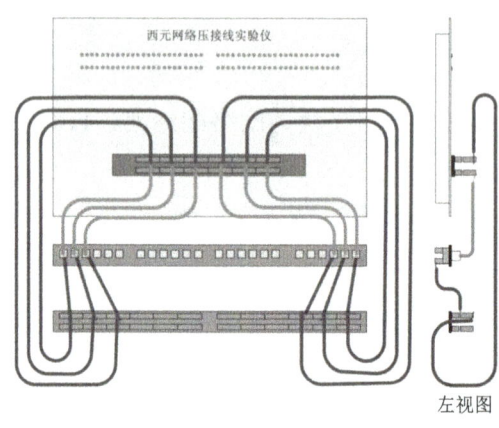
图3-77　复杂链路的路由示意图（见彩图）

1）实训工具：西元综合布线工具箱（KYGJX-13）中剥线器1把、网线钳1把、多功能剪1把、打线刀1把、钢卷尺1个。

2）实训设备：数实融合综合布线实训装置（型号KYPXZ-01-55），或网络配线实训装置（型号KYPXZ-01-52）。

3）实训材料：超5类非屏蔽网线5m、超5类非屏蔽水晶头6个。

4）实训课时：2课时。

5）实训过程：

①准备材料和工具，打开西元网络压接线实验仪电源开关。

②完成第1根网线端接，一端进行RJ-45水晶头端接，另一端与压接线实验仪上跳线架的下排模块端接。

③完成第2根网线端接，一端与配线架模块端接，另一端与110型通信跳线架模块下层端接。

④完成第3根网线端接，一端与110型通信跳线架模块上层端接，另一端与压接线实验仪上跳线架的上排模块端接，这样就形成了一个有6次端接的网络链路，对应的指示灯可以直观显示线序。

⑤仔细观察指示灯，及时排除端接中出现的断路、短路、跨接、反接等常见故障。

⑥重复以上步骤，完成其余5根网线端接。

6）实训质量要求与打分表。质量要求：链路端接正确，每段跳线长度合适，端接处拆开线对长度合适，剪掉撕拉线。评分表见表3-8。

表3-8 复杂链路端接和测试实训评分表

评分项目	评分细则	评分等级		得 分
复杂永久链路端接	每组链路15分，电气不通、路由错误，则该组链路不得分。其中，每根跳线长度合适5分；线序和端接正确5分；剪掉撕拉线5分	链路1	0，5，10，15	
		链路2	0，5，10，15	
		链路3	0，5，10，15	
		链路4	0，5，10，15	
		链路5	0，5，10，15	
		链路6	0，5，10，15	
	总分			

7）实训报告，具体格式见表3-9。

表3-9 复杂链路端接和测试实训报告

班 级		姓 名		学 号	
课程名称				参考教材	
实训名称					
实训目的	1）熟练掌握通信跳线架模块端接方法 2）掌握网络配线架模块端接方法 3）掌握常用工具和操作技巧				
实训设备及材料					
实训过程或实训步骤					
总结报告及心得体会					

实训单元4
光纤熔接技术实训

光纤具有传输距离长、通信容量大、损耗低、不受电磁干扰、原材料来源丰富等优点,已经在通信领域中得到了广泛的应用,例如,在综合布线系统中,光缆主要应用在垂直子系统、建筑群子系统等场合。由于光在光纤传输时会产生损耗,这种损耗主要是由光纤接头处的熔接损耗组成,所以努力降低光纤接头处的熔接损耗,可以增加光纤传输距离和降低光纤链路的衰减。因此,光纤熔接技术对降低光纤损耗具有非常重要的作用。本单元着重介绍光纤熔接原理、光纤熔接技术与实训。

扫码看视频

1)了解光纤熔接原理。
2)掌握光纤熔接技术。

光纤熔接技术实训

4.1 光纤熔接原理

两段光纤之间的连接称为光纤接续,光纤接续有机械连接和熔接2种方式。熔接方式相对其他接续方式速度较快,每芯接续在1min内完成,接续成功率较高,传输性能、稳定性及耐久性均有所保障,是目前普遍使用的方式。机械接续是将光纤进行切割清洁后插入接续匹配盘中对准、相贴并锁定,现在很少使用。

光纤熔接技术是将需要熔接的光纤放在光纤熔接机中,对准需要熔接的部位进行高压放电,产生的热量将2根光纤的端头处熔接,合成一段完整的光纤,如图4-1所示。这种方法快速准确,接续损耗小,一般小于0.1dB,而且可靠性高,是目前使用最为普遍的一种方法。

图4-1 光纤熔接示意图

光纤熔接的基本工作原理和熔接步骤如下:
1)开缆,剥去光缆外皮和护套。
2)穿入热缩套管。
3)剥除光纤表面涂覆的树脂层。
4)切割光纤。
5)清洁光纤表面。
6)放入光纤熔接机并且自动对准。熔接机具有自动对准光纤的功能,通过CCD镜头找到光纤的纤芯，将2根光纤的纤芯自动对准。

7）放电熔接。主要是靠电弧将光纤两头熔化，同时运用准直原理平缓推进，以实现光纤模场的耦合。2根电极棒瞬间释放高电压，击穿空气产生一个瞬间的电弧，电弧会产生高温，将已经对准的2条光纤的前端热融化，这样2条光纤就熔接在一起了。由于光纤是二氧化硅材质，也就是通常说的玻璃，因此很容易达到熔融状态。

8）加热热缩套管，保护熔接接头不易折断。

4.2　光纤熔接机与配套器材、工具介绍

1．光纤熔接设备

光纤熔接机主要用于光通信中光缆的施工和维护。这里以全国职业院校技能大赛计算机类竞赛指定的设备光纤熔接机（KYRJ-369）为例进行介绍，如图4-2所示。

图4-2　光纤熔接机
（见彩图）

1）产品配置和技术规格见表4-1。

表4-1　光纤熔接机产品配置

类　　型	产品技术规格
产品型号	KYRJ-369
外形尺寸	长170mm，宽190mm，高170mm
电压/功率	交流220V/70W
配套部件	熔接机、携带箱、携带箱跨带、携带箱备用钥匙、备用电极、塑料镊子、清洁毛刷、电源适配器、交流电源线、光纤切割刀、冷却托盘、显示器防护罩
产品功能	光纤熔接
实训人数	每台设备能够同时满足2～4人实训
实训课时	4课时
实训项目	完成多模或单模光纤的熔接

2）产品特点。

① 本机采用了高速图像处理技术和特殊的精密定位技术，可以使光纤熔接的全过程在9s自动完成。

② 使用LCD显示器，光纤熔接的各个阶段清晰可见。

③ 体积小、重量轻。

④ 交直流电源供电，特别适用于电信、广电、铁路、石化、电力、部队、公安等通信领域的光纤光缆工程和维护以及科研院所的教学与科研。

⑤ 为2018年全国职业院校技能大赛"网络布线"竞赛项目指定产品。

3）产品结构：光纤熔接机上包括加热器、防尘罩、键盘、显示屏、电源模块和电源开关等部件，如图4-3和图4-4所示。

熔接机的键盘为多功能键，键功能分为手动工作方式状态/自动工作方式状态/参数菜单状态，如图4-5所示。

光纤熔接机的具体键盘操作介绍见表4-2，或按照产品说明书规定操作。

图4-3 光纤熔接机主机俯视图　　　　图4-4 光纤熔接机主机右视图

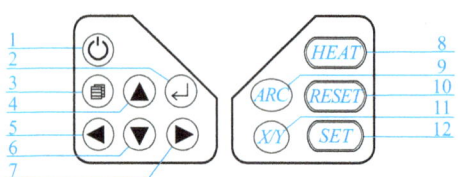

图4-5 光纤熔接机左右键盘示意

表4-2 光纤熔接机操作介绍

序号	按键图标	按键功能	工作方式状态
1	⏻	电源开关键	1）关闭状态下，按此键开启熔接机 2）开机状态下，按此键关闭熔接机
2	↵	回车键	待机状态下按此键将放出弱电弧 菜单操作时按此键进入下一级子菜单 在电极、电动机等测试项中，按此键执行测试 在调整摄像头亮度、电动机位置时，按此键切换调整对象
3	▤	菜单键	在待机界面下，按此键进入主菜单界面 在主菜单界面下，按此键返回上级界面
4	▲	向上方向键	在待机状态下，按此键将增强LCD背光亮度 在摄像头亮度改变界面中，按此键增强传感器增益 在电动机调整选项中，按此键驱动电动机带动光纤向上移动 在菜单界面里，按此键向上移动选中图标或子菜单项
5	◀	向左方向键	在待机界面下，按此键将自动调整光纤间隙 在主菜单界面，按此键向左移动选中图标 在电动机调整选项中，按此键驱动左电动机后退或右电动机前进
6	▼	向下方向键	在待机状态下，按此键将降低LCD亮度 在摄像头亮度改变界面中，按此键降低传感器增益 在电动机调整选项中，按此键驱动电动机带动光纤向下移动 在菜单界面里，按此键向下移动选中图标或子菜单项
7	▶	向右方向键	在待机界面下，按此键将自动准直光纤 在主菜单界面，按此键向左移动选中图标 在电动机调整选项中，按此键驱动左电动机前进或右电动机后退
8	HEAT	加热键	按下此键进行加热
9	ARC	放电键	在待机状态下，按下此键进行电弧放电
10	RESET	复位键	在任何界面下，按下此键推进电动机将复位到基准位置
11	X/Y	图像切换键	在待机状态下，按此键将切换X、Y方向图像显示模式
12	SET	自动熔接键	在待机状态下，按此键完成光纤的自动接续

请扫描二维码查看《光纤熔接机菜单设置》和《光纤熔接机的维护及保养》。

光纤熔接机菜单设置　　　　　　光纤熔接机的维护及保养

2. 光纤材料及配件

1）光缆。光缆是通信和数据传输中最有效的一种传输介质。光纤是一种传输光束的细而柔韧的媒质。多根光纤组成一捆并且增加护套或者外皮后就成为通常所说的光缆了，如图4-6所示。光缆按照使用用途分为室外光缆和室内光缆。

光纤是光导纤维的简称，由直径大约为0.1mm的细玻璃丝构成。它透明、纤细，虽然比头发丝还细，但是具有把光封闭在其中并沿轴向进行传播的导波结构。光纤按照光在其中的传输模式可分为单模光纤和多模光纤。

 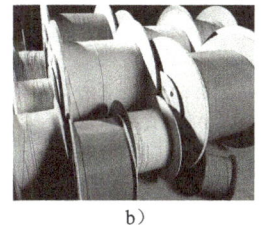 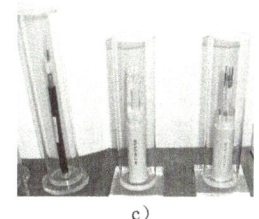

a)　　　　　　　　b)　　　　　　　　c)

图4-6　光缆

a）室外光缆　b）室内光缆　c）组合光缆

2）光纤适配器。光纤适配器（Coupler）又称分歧器（Splitter）、连接器、耦合器、法兰盘等，是用于实现光信号分路/合路或用于延长光纤链路的元件，如图4-7所示。

a)　　　　　　　b)　　　　　　　c)　　　　　　　d)

图4-7　光纤适配器

a）SC适配器　b）FC适配器　c）ST适配器　d）LC双联适配器

3）光缆跳线。光纤连接器连接头类型有FC、SC、ST、LC，端面接触方式有PC、UPC、APC型，如图4-8所示。

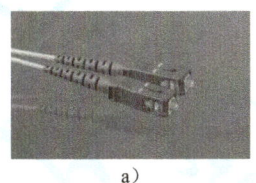 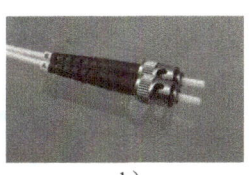 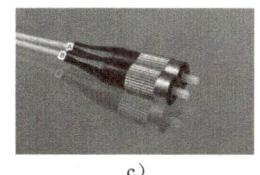 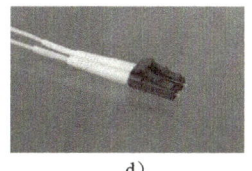

a)　　　　　　　b)　　　　　　　c)　　　　　　　d)

图4-8　光缆跳线

a）SC/PC光纤跳线　b）ST/PC光纤跳线　c）FC/PC光纤跳线　d）LC/PC光纤跳线

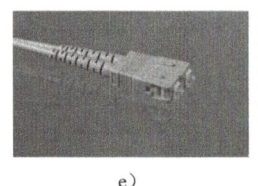 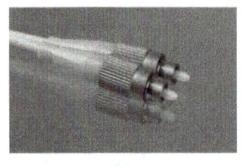 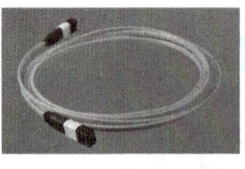 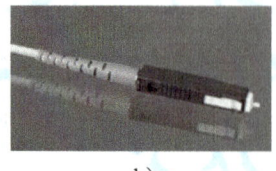

e）　　　　　　　f）　　　　　　　g）　　　　　　　h）

图4-8　光缆跳线（续）

e）SC/APC光纤跳线　f）FC/APC光纤跳线　g）MPO光纤跳线　h）MU光纤跳线

4）光纤配线架。用于光纤通信系统中局端主干光缆的成端和分配，可方便地实现光纤线路的连接、分配和调度，如图4-9所示。

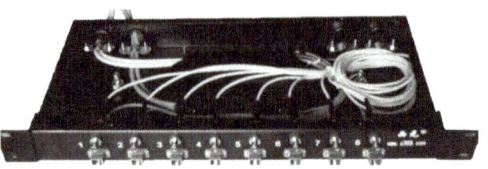 

图4-9　西元组合型光纤配线架（KYPXZ-02-88）

3. 光纤工具

光纤工具主要用于通信光缆线路的施工、维护、巡检及抢修等，光纤工具箱中提供通信光纤的截断、开剥、清洁及光纤端面的切割等工具。这里以西元光纤工具箱（KYGJX-31）为例进行说明，如图4-10所示，各工具的名称和用途如下。

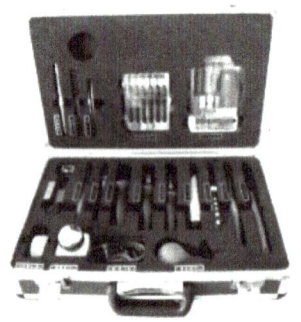 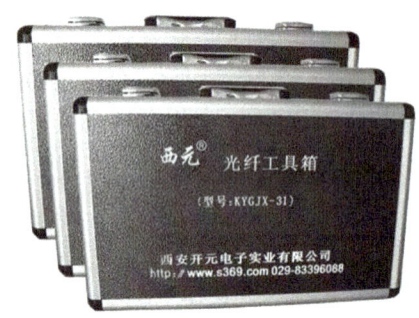

图4-10　西元光纤工具箱（见彩图）

1）束管钳：主要用于剪切光缆中的钢丝绳。实物如图4-11所示。

2）多功能剪：适合剪一些相对柔软的物件，如撕拉线等，不宜用来剪硬物。实物如图4-12所示。

3）剥皮钳：主要用于光缆或者尾纤的护套剥皮，不适合剪切室外光缆的钢丝。剪剥外皮时，要注意剪口的选择。实物如图4-13所示。

4）美工刀：用于剪跳线、双绞线内部撕拉线等，不可用来切硬物。实物如图4-14所示。

5）尖嘴钳：适用于拉开光缆外皮或夹持小件物品。实物如图4-15所示。

6）钢丝钳：俗名老虎钳，主要用来夹持物件，剪断钢丝。实物如图4-16所示。

7）斜口钳：主要用于剪光缆外皮，不适合剪切钢丝。实物如图4-17所示。

8）光纤剥线钳：适用于剪剥光纤的各层保护套，有3个剪口，可依次剪剥尾纤的外皮、中层保护套和树脂保护膜。剪剥时注意剪口的选择。实物如图4-18所示。

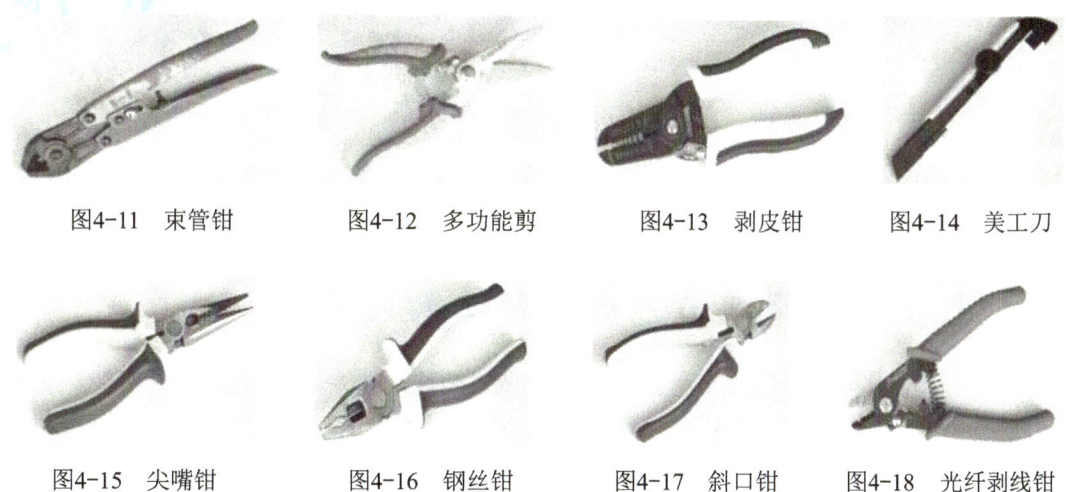

图4-11　束管钳　　　图4-12　多功能剪　　　图4-13　剥皮钳　　　图4-14　美工刀

图4-15　尖嘴钳　　　图4-16　钢丝钳　　　图4-17　斜口钳　　　图4-18　光纤剥线钳

9）活扳手：用于紧固螺钉。实物如图4-19所示。

10）横向开缆刀：用于切割室外光缆的黑色外皮。实物如图4-20所示。

注意：每次开缆时剥开光缆的长度不能太长。

11）清洁球：用于清洁灰尘。实物如图4-21所示。

12）背带：便于携带工具箱。

13）酒精泵：用于盛放酒精，不可倾斜放置，盖子不能打开，以防止挥发。实物如图4-22所示。

注意：酒精为易燃物品，要远离火源，在不使用时，要盖好酒精泵的盖子，防止挥发。工具箱在携带时要将泵中的酒精倒出。

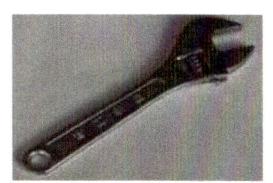 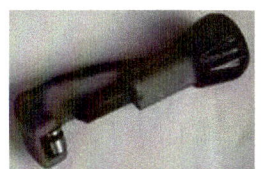 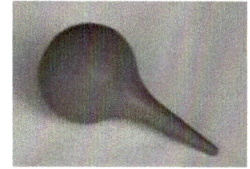 

图4-19　活扳手　　　图4-20　横向开缆刀　　　图4-21　清洁球　　　图4-22　酒精泵

14）钢卷尺：用于测量长度。

15）镊子：用于夹持细小物件。

16）记号笔：用于标记。

17）红光笔：可简单检查光纤的通断。

18）酒精棉球：蘸取酒精擦拭裸纤，平时应保持棉球的干燥。实物如图4-23所示。

19）组合螺丝刀：用于紧固相应的螺钉。实物如图4-24所示。

20）微型螺丝刀：用于紧固相应的螺钉。实物如图4-25所示。

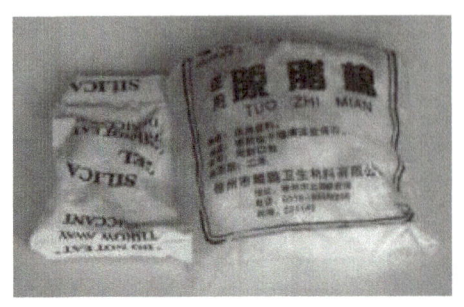
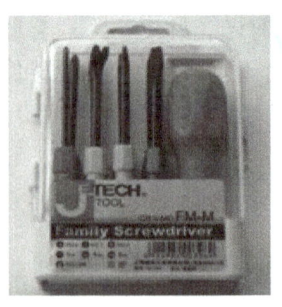
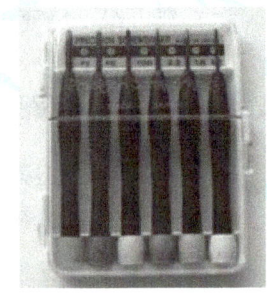

图4-23　酒精棉球　　　　　　图4-24　组合螺丝刀　　　　　图4-25　微型螺丝刀

4.3　光纤传输原理与光纤熔接工程技术

光纤传输原理与光纤熔接工程技术等关键技术技能，请参考本书配套的《网络综合布线系统工程技术实训教程　第5版》第11章光纤熔接工程技术，该书由王公儒主编，机械工业出版社出版，封面和书号详见本书封底。

4.4　工程经验

在工程项目实施过程中需要注意以下几点：

1．光缆架设按要求进行

在光缆敷设施工中，严禁光缆打小圈及对折、扭曲，敷设光缆应该严格按照光缆施工要求进行，最大程度地降低光缆施工中光纤受损伤的概率，避免光纤芯受损伤导致熔接损耗的增大。

2．正确切割光纤

切刀的摆放要平稳，切割时动作要自然、平稳，勿重、勿急，避免产生断纤、斜角、毛刺、裂痕等不良端面。

3．谨防端面污染

热缩套管应在剥除涂覆层前穿入，严禁在端面制备后穿入。裸纤的清洁、切割和熔接各阶段的时间应紧密衔接，不可间隔过长，特别是已制备的端面切勿长时间放在空气中。移动时要轻拿轻放，防止与其他物件擦碰。在接续中，应根据环境对切刀V形槽、压板、刀刃进行清洁，谨防端面污染。

4．熔接机的正确使用

熔接机的功能就是把2根光纤熔接到一起，所以正确使用熔接机也是降低光纤接续损耗的重要措施。根据光纤类型正确合理地设置熔接参数、预放电电流、时间及主放电电流、主放电时间等，并且在使用中和使用后及时除去熔接机中的灰尘，特别是夹具、各镜面和V形槽内的粉尘和光纤碎屑。每次使用前应使熔接机在熔接环境中放置至少15min，特别是在放置与使用环境差别较大的地方（如冬天的室内与室外），应该根据当时的气压、温度、湿度等环境情况重新设置熔接机的放电电压及放电位置，并进行V形槽驱动器的复位等调整。

5．使用光纤熔接机时可能遇到的情况及解决办法

1）开启熔接机开关后，屏幕无任何显示或光亮。解决方法如下：

①检查电源插头座是否插好，若没有插好则重新插好。

②检查电源电压是否过低。

③检查电池电量，电量太低要及时给电池充电。

2）开启熔接机后屏幕下方出现"电压不足"且蜂鸣器鸣叫不停。解决方法如下：

①本现象一般出现在使用电池供电的情况，应及时给电池充电。

②更换供电电源。

3）光纤能进行正常复位，进行间隙设置时，光纤出现在屏幕上但停止不动，且屏幕显示停止在"设置间隙"。

解决方法为打开防风罩，分别打开左、右压板，顺序进行下列检查：

①检查是否存在断纤。

②检查光纤切割长度是否过短。

③检查载纤槽与光纤上是否有灰，并进行相应的处理。

④检查是否是松包层尾纤。

4）光纤能进行正常复位，进行间隙设置时光纤持续向后运动，屏幕显示"设置间隙"及"重放光纤"。可能是光学系统中显微镜的目镜上灰尘沉积过多所致。

解决方法为用棉签棒擦拭水平及垂直两路显微镜的目镜，用眼观察无明显灰尘即可再试。

5）光纤能进行正常复位，进行间隙设置时显示"设置间隙"，一段时间后显示"重放光纤"。解决方法为打开防风罩，分别打开左、右压板，按顺序进行下列检查：

①检查是否存在断纤。

②检查光纤切割长度是否过短。

③检查载纤槽与光纤是否匹配，并进行相应的处理。

6）光纤进行自动校准时光纤上下方向运动不停，屏幕显示在"调芯"状态。解决方法如下：

①检查X/Y两方向的光纤端面位置偏差是否小于1cm（屏幕显示尺寸），如果小于1cm则进行下面的操作，否则送交工厂修理。

②检查裸纤是否干净，若不干净则处理。

③清洁V形槽内沉积的灰尘。

7）光纤能进行正常复位，进行间隙设置时开始显示"设置间隙"，一段时间后屏幕显示"左光纤端面不良"。解决方法如下：

①肉眼观察屏幕中的光纤图像，若左光纤端面质量不良，则重做光纤端面后再试。

②肉眼观察屏幕中的光纤图像，若左光纤端面质量尚可，可能是"端面设置"项的值设置得较小，若想继续熔接将"端面设置"项的值设大即可。

③若屏幕显示"左光纤端面不良"时屏幕变暗，则进行如下操作：

a）检查确认熔接机的防风罩是否有效按下。

b）打开防风罩，检查防风罩上的反光镜及机器电极下面两镜头有无异物，如果有异物将它清除即可。

8）光纤能进行正常复位，进行自动接续时放电时间过长，此现象是由于未对放电参数进行有效设置。解决方法如下：进入放电参数菜单，检查是否设置了有效的放电参数。

9）进行放电实验时，光纤间隙的位置越来越偏向屏幕的一边。这是由于熔接机进行放电实验的同时进行电流及电弧位置的调整。当电极表面沉积的附着物使电弧在电极表面不对称时，会造成电弧位置的偏移。如果不是过度偏向一边，可以不用处理。如果使用者认为需要处理，可进入维护菜单，进行数次"清洁电极"操作。

10）进行多模光纤接续时，放电过程中总是有气泡出现。这主要是由于多模光纤的纤芯和包层折射率相差较大所致。解决方法如下：

① 设备的出厂设置的放电程序以多模放电程序为模板（将"熔接程序"项的值设定为小于"5"）。

② 进行放电实验，直到出现3次"电流适中"提示信息。

③ 进行多模光纤接续，若仍然出现气泡则进行放电参数的修改，修改的过程如下：

a）进入放电参数菜单。

b）将"预熔时间"值以1步距（10ms）进行试探增加。

c）接续光纤，若仍起气泡则继续增加"预熔时间"值，直到接续时不起泡为止（前提是光纤端面质量符合要求）。

d）若接续过程不起泡而光纤变细则需减小"预熔电流"。

6．如何清洁V形槽及光纤

光纤熔接机的调芯结构是非常精密的，严禁用力按压清洁V形槽，清洁时需要细心和谨慎。清洁时使用棉签蘸有少量的酒精轻轻地擦拭即可。其实很多时候并不是因为灰尘造成的光纤位置差异，而是因为光纤没有真正入槽。检查的顺序为：光纤本身的弯曲程度，光纤压头的灵活程度，大压板上的光纤限位槽和V形槽是否在一条直线上，V形槽是否有灰尘。

7．认真阅读产品说明书

各种熔接机操作方法不同，请在使用前认真阅读厂家产品使用说明书，严格按照规定操作。现场熔接前应进行2或3次试熔接。

实训项目15 光纤熔接技术实训

1．工程应用

光纤熔接接续是光纤传输系统中工程量最大、技术要求最复杂的重要工序，其质量好坏直接影响光纤线路的传输质量和可靠性。因此，掌握正确熔接的步骤和方法非常重要。

2．光纤熔接基本操作方法

光纤接续的方法一般有熔接、活动连接、机械连接3种。在实际工程中基本采用熔接法，因为熔接法的节点损耗小、反射损耗大、可靠性高。光纤熔接需要按照准备材料→检查设备→开缆→剥光纤→切割光纤→安放光纤→熔接→加热热缩套管→盘纤固定9个步骤进行操作，下面依次介绍每个步骤的基本操作方法：

（1）准备材料

光纤熔接时应该遵循的原则：工程中常用的光缆有层绞式、骨架式和中心管束式光缆，纤芯的颜色按顺序分为蓝、桔、绿、棕、灰、白、红、黑、黄、紫、粉、青。多芯光缆把不同颜色的光纤放在同一管束中成为一组，这样一根光缆内可能有好几个管束，一般把红色的管束看作光缆的第1管束，顺时针依次为绿、白1、白2、白3等。

两根芯数相同的光缆熔接时，要同束管内的对应色光纤相熔接。芯数不同时，按顺序先熔接大芯数再接小芯数。

（2）检查设备

1）熔接机开启与关机。

① 开机。按压熔接机面板上的⏻键，待左操作面板上的LED指示灯点亮，松开⏻键，开启熔接机，此时熔接机会显示复位画面并自动识别当前电源模式。

② 关机。按压熔接机面板上的⏻键，待左操作面板上的LED指示灯熄灭，松开⏻键，则熔接机关机。

2）电极的检查。

① 确认没有安放光纤，两放电电极安放完好。

② 连接好电源后开机，使熔接机正常初始化。

③ 肉眼观察放电电极，要求尖部没有明显损伤。

④ 关闭熔接机防尘罩。

（3）开缆

光缆有室内和室外之分，室内光缆借助工具很容易开缆。由于室外光缆内部有钢丝拉线，故对开缆增加了一定的难度，这里介绍室外光缆开缆的一般方法和步骤。

1）在光缆开口处找到光缆内部的两根钢丝，用尖嘴钳剥开光缆外皮，用力向侧面拉出一小截钢丝，如图4-26所示。

2）一只手握紧光缆，另一只手用尖嘴钳夹紧钢丝，向身体内侧旋转拉出钢丝，如图4-27所示。用同样的方法拉出另外一根钢丝，使得两根钢丝都被旋转拉出，如图4-28所示。

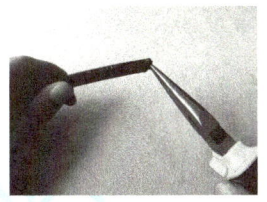
图4-26　拨开外皮

图4-27　拉出钢丝

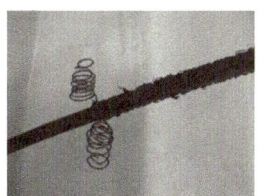
图4-28　拉出两根钢丝

注意：钢丝拉出后，钢丝旋转停留处距光缆开口处应该为25cm左右，以备光纤熔接后在光纤终接单元内部的盘绕。

3）用束管钳将任意一根旋转钢丝剪断，留一根以备在光纤配线盒内固定。当2根钢丝拉出后，外部的黑皮保护套就被拉开了。用手剥开保护套，然后用斜口钳剪掉拉开的黑皮保护套，如图4-29所示。

4）使用剥皮钳将保护套剪剥开，并将其抽出，如图4-30所示。

注意：由于这层保护套内部有油状的填充物（起润滑作用），应该用棉球将其擦干。

5）完成开缆，如图4-31所示。

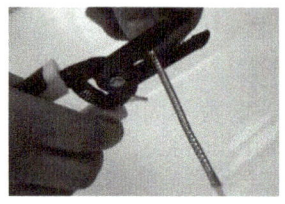  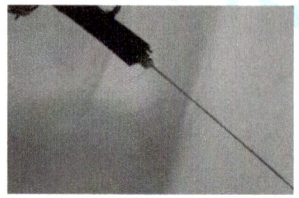

图4-29　拨开保护套　　　　　图4-30　抽出保护套　　　　　图4-31　完成开缆

（4）剥光纤与清洁

1）剥尾纤。可以使用光纤跳线，从中间剪断后，成为尾纤进行操作。一只手拿好尾纤一端，另一只手拿好光纤剥线钳，如图4-32所示。用剥线钳剥开尾纤外皮后抽出外皮，可以看到光纤的白色护套（剥出的白色护套长度为15cm左右），如图4-33所示。

2）将光纤在食指上轻轻环绕一周，用拇指按住，留出的光纤应为4cm，然后用光纤剥线钳剥开光纤护套，在切断白色外皮后缓缓将外皮抽出，此时可以看到透明的光纤，如图4-34所示。

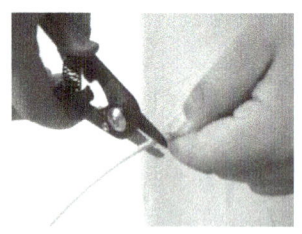  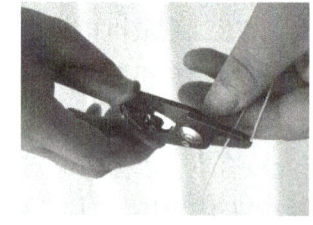

图4-32　剥开尾纤外皮　　　　图4-33　抽出外皮　　　　　图4-34　剥开光纤护套

3）用光纤剥线钳的最细小的口轻轻地夹住光纤，缓缓地把剥线钳抽出，将光纤上的树脂涂覆层刮下，如图4-35所示。

4）用酒精棉球沾无水酒精对剥掉树脂涂覆层的裸纤进行清洁，如图4-36和图4-37所示。

 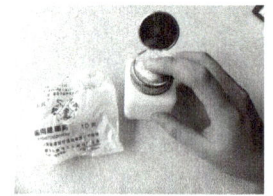 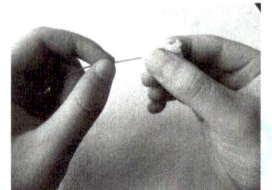

图4-35　刮下树脂保护膜　　　图4-36　酒精棉球　　　　　图4-37　清洁裸纤

（5）切割光纤与清洁

1）安装热缩套管。将热缩套管套在一根待熔接光纤上，以在熔接后保护接点，如图4-38所示。

2）制作光纤端面。首先用剥线钳剥去光纤长度为30～40mm的涂覆层，用干净的酒精棉球擦去裸纤上的污物。然后用高精度光纤切割刀将裸纤切去一段，保留裸纤长度为12～16mm。然后将安装好热缩套管的光纤放在光纤切割刀中较细的导向槽内，如图4-39所示。依次放下大小压板，如图4-40所示。

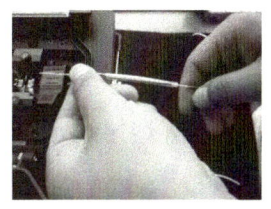  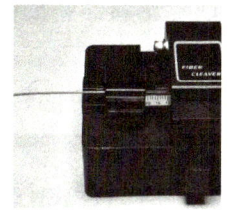

图4-38　安装热缩套管　　　图4-39　放入切割刀导槽　　　图4-40　放下大小压板

最后用左手固定切割刀，右手扶着刀片盖板，并用大拇指迅速向远离身体的方向推动切割刀刀架，如图4-41所示。此时就完成了光纤的切割。

图4-41　光纤切割

（6）安放光纤

1）打开熔接机防风罩使大压板复位，显示器显示"请安放光纤"。

2）分别打开光纤大压板将切好端面的光纤放入V形载纤槽，光纤端面不能触到V形载纤槽底部，如图4-42所示。

3）盖上熔接机的防尘盖，如图4-43所示。检查光纤的安放位置是否合适，以在屏幕上显示两边光纤的位置居中为宜，如图4-44所示。

  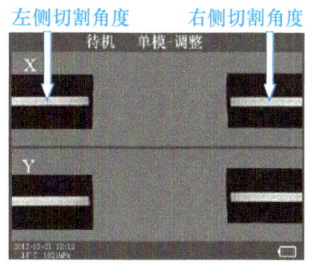

图4-42　放入V形载纤槽　　　图4-43　盖上防尘盖　　　图4-44　检查安装位置

（7）熔接

1）自动对准并熔接。

光纤检查完毕之后，熔接机会按照"芯对芯"或者"包层对包层"的方式来对准，然后执行放电功能并熔接光纤。

2）存储熔接结果。

在出现"熔接完成"的画面时，打开防风罩，熔接结果会被自动存储。

4000个熔接结果被存储满后，第4001个熔接结果将覆盖第1个接续结果。

（8）加热热缩套管

1）取出熔接好的光纤。

2）移放热缩套管，将事先装套在光纤上的热缩套管小心地移到光纤熔接点处，使两光纤熔接点留在热缩套管中的中间位置，如图4-45所示。

3）加热热缩套管，具体过程如下。

①将加热器的盖板打开，将热缩套管放入加热器中，如图4-46所示。

②盖上加热器盖板，开始自动加热。加热指示灯亮，即开始给热缩套管加热。加热完毕后蜂鸣器响，加热指示灯自动关闭。如果在加热过程中按"HEAT"键，加热进程将被终止。

③到设定加热时间后，加热指示灯灭，自动停止加热。取出收缩好的热缩套管，放置在冷却托盘中。

④稍等片刻，待热缩套管稍凉有一定硬度后，方可移入光纤配线盒。

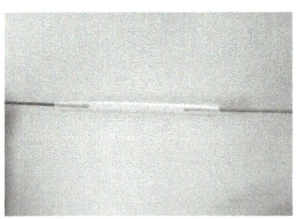
图4-45　移放热缩套管

图4-46　放入加热器

（9）盘纤固定

将接续好的光纤盘好放进光纤终接单元内，如图4-47所示。在盘纤时，盘圈的半径越大，弧度越大，整个线路的损耗越小。所以一定要保持一定半径，使光信号在光纤传输时避免产生一些不必要的损耗。完成盘纤后盖上终接单元盖板，如图4-48所示。

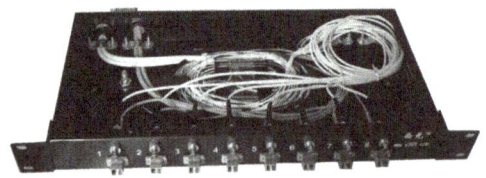
图4-47　盘纤固定

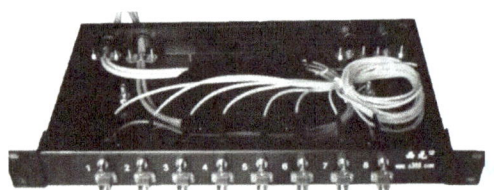
图4-48　盖上终接单元盖板

3．光纤熔接技术实训

按照光缆熔接原理示意图完成光缆安装和熔接，示意图如图4-49所示。具体要求如下：将光缆的两端分别穿入两个光纤配线架内部，在光纤配线架内，将光缆与尾纤熔接，尾纤的另一端插接在对应的耦合器上；在光纤熔接部位安装热缩套管，将熔接好的光纤小心安装在光纤终接单元内,并且盖好光纤终接单元盖板;在熔接时尽量保留合适的尾纤长度,以使得整理和绑扎美观。

图4-49 光缆熔接原理示意图

1) 实训工具:光纤工具箱(KYGJX-31)1套。

2) 实训设备:光纤熔接机(KYRJ-369)1台,组合型光纤配线架(KYPXZ-02-88)2个。

3) 实训材料:4芯多模室内光纤4m、4芯单模室内光纤4m、ST多模尾纤8根、ST单模尾纤8根、SC多模尾纤8根、SC单模尾纤8根、光纤热缩套管40个。

4) 实训课时:2课时。

5) 实训过程:

① 按照要求准备设备、材料和工具,如图4-50所示。

② 开剥光缆,并将光缆固定到光纤配线架内。

在固定多束管层式光缆时由于要分层盘纤,各束管应依序放置,以免缠绞。将光缆穿入光纤配线架,固定钢丝时一定要压紧,不能有松动。否则,有可能造成光缆打滚。注意不要伤到管束,开剥长度取1m左右,用棉球纸将油膏擦拭干净。

③ 将光纤穿过光纤热缩套管。

剥去涂覆层的光纤很脆弱,使用热缩套管可以保护光纤接头。

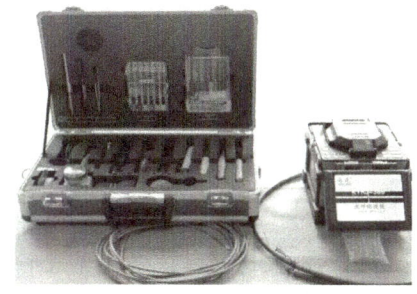

图4-50 光纤熔接设备及材料

④ 打开熔接机电源,选择合适的熔接方式。

每次使用熔接机前,应使熔接机在熔接环境中放置至少15min。根据光纤类型设置熔接参数、预放电时间、主放电电流、主放电时间等。如没有特殊情况,一般选择使用自动熔接程序。在使用中和使用后要及时去除熔接机中的粉尘和光纤碎屑。

⑤ 制作光纤端面。光纤端面制作的好坏将直接影响接续质量,所以在熔接前一定要制作合格的端面。

⑥ 裸纤的清洁。将棉花蘸少许酒精,夹住已经剥除涂覆层的光纤,顺光纤轴向擦拭,用力要适度,每次要使用棉花的不同部位和层面,这样可以提高棉花的利用率。擦拭至少3次。

⑦ 裸纤的切割。清洁切刀并调整其位置,切刀的摆放要平稳,切割时动作要自然、平稳,勿重,勿轻。避免产生断纤、斜角、毛刺及裂痕等不良端面。

⑧ 放置光纤。将光纤放在熔接机的V形槽中,小心压上光纤压板和光纤夹具,根据光纤切割长度设置光纤在压板中的位置,关上防风罩。

⑨ 光纤熔接。按"SET"键即可自动完成熔接。需要的时间根据使用的熔接机不同而不同,一般需要8~10s。完成熔接后,在熔接机显示屏上会显示估算的损耗值。

⑩ 加热热缩套管。打开防风罩,把光纤从熔接机上取出,再将热缩套管移放到熔接点位置,放在加热炉中加热。热缩套管长度为20mm、40mm或60mm。

⑪盘纤并固定。

6）实训质量要求与评分表。质量要求：熔接方法正确并熔接成功，光纤盘纤整齐牢固。评分表见表4-3。

表4-3　光纤熔接技术实训评分表

评分项目	评分细则	评分等级	得　分
光纤熔接	每个纤芯20分。其中，熔接光纤正确15分；盘纤合理5分	纤芯1	0，5，15，20	
		纤芯2	0，5，15，20	
		纤芯3	0，5，15，20	
		纤芯4	0，5，15，20	
		纤芯5	0，5，15，20	
		纤芯6	0，5，15，20	
		纤芯7	0，5，15，20	
		纤芯8	0，5，15，20	
		纤芯9	0，5，15，20	
		纤芯10	0，5，15，20	
		纤芯11	0，5，15，20	
		纤芯12	0，5，15，20	
		纤芯13	0，5，15，20	
		纤芯14	0，5，15，20	
		纤芯15	0，5，15，20	
		纤芯16	0，5，15，20	
总　分			

7）实训报告，具体格式见表4-4。

表4-4　光纤熔接技术实训报告

班　级		姓　名		学　号	
课程名称				参考教材	
实训名称					
实训目的	1）熟悉和掌握光缆的种类和区别 2）熟悉和掌握光缆工具的用途、使用方法和使用技巧 3）熟悉和掌握光纤的熔接方法和注意事项					
实训设备及材料						
实训过程或实训步骤						
总结报告及心得体会						

实训单元5
综合布线工程安装施工技术实训

综合布线系统工程的安装技术主要涉及线管和线槽、机柜和配线架、信息插座和模块面板等常用器材的安装。本单元重点介绍施工安装技术和步骤、常用器材和工具，并且以全国职业院校技能大赛指定产品为例，搭建一个完整的实训环境，进行工程技术实训。

> 学习目标
>
> 1）掌握综合布线系统工程的施工步骤。
> 2）熟练掌握安装信息插座、PVC管槽和网络设备的方法。

综合布线工程安装
施工技术实训

5.1 综合布线系统工程安装施工步骤

综合布线是一种模块化的、灵活性极高的建筑物内或建筑群之间的信息传输通道。它既能使语音、数据、图像设备和交换设备与其他信息管理系统彼此相连，也能使这些设备与外部相连。它还包括建筑物外部网络或电信线路的连接点与应用系统设备之间的所有线缆及相关的连接部件。综合布线由不同系列和规格的部件组成，其中包括传输介质、相关连接硬件（如配线架、插座、插头）以及电气保护设备等，这些部件可以用来构建各种子系统。它们都有具体的用途，不仅易于实施，而且能随需求的变化平稳升级。

综合布线系统工程一般分为7个部分，包括如下内容：

1）工作区子系统。
2）配线子系统（又称水平子系统）。
3）干线子系统（又称垂直子系统）。
4）建筑群子系统。
5）设备间子系统。
6）进线间子系统。
7）管理间子系统。

以上7个子系统的概念和设计要求详见GB 50311《综合布线系统工程设计规范》。本节主要讲解综合布线工程的安装施工技术。

综合布线工程的实施是一项较为复杂的系统工程，为了确保工程的施工进度和施工质量，施工应该有计划、有步骤地进行。综合布线工程的施工步骤一般为：施工前准备→检验货物→底盒、线管、线槽预设→机柜安装→缆线敷设→配线设备安装及端接→测试。

1. 施工前准备

施工前准备是在工程开工之前针对整个工程所做的准备工作，主要指设计的会审、技术交底、编制施工组织方案等。施工组织方案是施工方根据设计文件和用户的总体要求做出的工程实施方案，包括工程施工进度安排、材料和配套设备采购计划、施工工具和检验仪器配置、人员组织计划、安全文明施工措施等。

2. 检验货物

检验货物是由建设单位或监理单位组织的，由供货单位、建设单位、监理单位和施工单位参加的，对到达施工现场的设备、材料进行检验的工作。检验的内容为：材料、设备的外观检查，检查有无外观缺损；清点数量，核对设备、材料的型号规格是否符合施工设计文件和订货清单的要求。检验完后，应及时如实填写检查报告。

3. 底盒、线管、线槽预设

熟悉结构和装修预设图样，熟悉预埋位置和预设内容；按照有关施工操作工艺、规程、标准的规定及施工验收规范进行施工；与主体建筑工程进度同步，做好底盒、线管、线槽的预设工作，做到不错、不漏、不堵，在分段隐蔽工程完工后，应配合建设单位及时验收并办理隐蔽工程签证手续。

综合布线系统工程的管槽施工与强电的管槽安装不同，除了要有结构化、灵活性等特点外，在密封性、屏蔽性及管线容量等方面都有较高的要求。此外，综合布线工程管槽施工必须与主体建筑工程协调一致，兼顾美观和实用，一般要求如下。

1) 尽量走最短路由。管槽路由决定了缆线路由。尽可能走最短的路由，其一，可以节省线管、线槽及缆线的成本；其二，链路越短其电气性能指标（如衰减等）越好。

2) 与建筑物基线保持一致。实际路由不太可能是直线路由。比较合适的走线方式是与建筑物基线保持一致，以保证建筑物的整体美观度。

3) "横平竖直"。为使安装的管槽系统"横平竖直"，施工中可以考虑弹线定位。根据施工图样确定的安装位置，用墨线袋沿路由的中心位置弹线。

4) 注意房间内的整体布置。当设备间内敷设有多条水平或垂直的管槽时，应注意房间内的总体布置，做到美观有序，便于缆线连接和敷设，并要求管槽间留有一定间距，便于施工维护。

4. 机柜安装

根据设计图样，复测其具体位置和尺寸，确认位置无误后再进行机柜安装。

5. 缆线敷设

预设完工后，随着装修工程的逐渐进行，应适时穿放缆线并进行检测工作，及时做好检测记录。缆线敷设规则详见GB/T 50312《综合布线系统工程验收规范》。

6. 配线设备安装及端接、测试

按照设计要求完成设备安装，并进行测试。此项工作需要严格按照设计文件、安装技术工艺规程标准进行施工，完成后应全部通过相应等级标准的测试和安装工艺检查，并做好相关记录。

5.2 网络综合布线实训设备及工具介绍

1. 网络综合布线实训设备

为了更好地掌握综合布线施工技术,需要使用综合布线实训设备进行综合布线施工技术训练。这里以IT工程技术实训平台(KYSYZ-12-1233)为例进行说明,如图5-1所示。

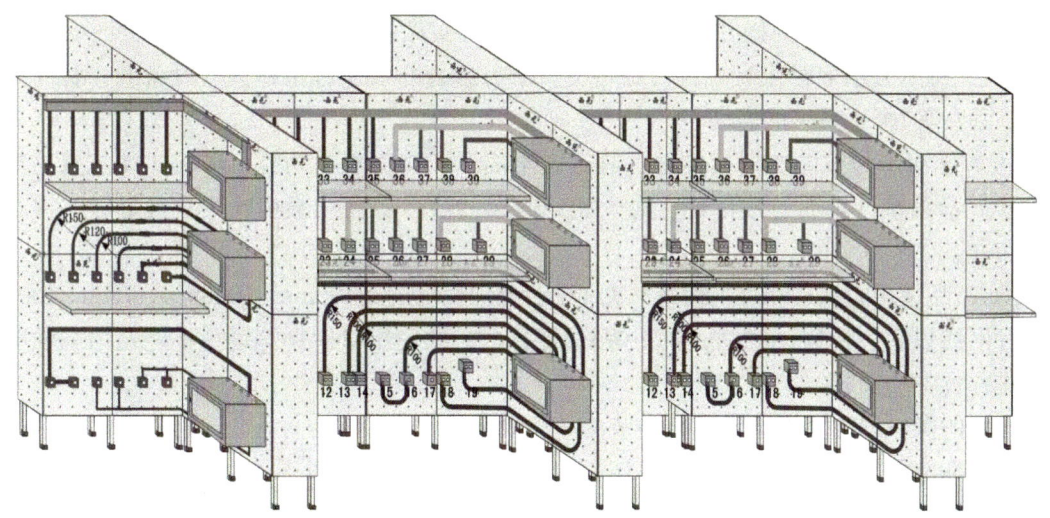

图5-1 IT工程技术实训平台结构示意图(见彩图)

1)产品介绍见表5-1。

表5-1 IT工程技术实训平台产品介绍

产品型号	KYSYZ-12-1233	外形尺寸	长7.92m,宽2.64m,高2.6m
产品总重	1640kg	平均重量	78kg/m²
实训人数	同时满足36人实训	实训课时	24~36课时
实训项目	1)具有智能化建筑模型功能,开展综合布线系统工程规划和设计实训 2)能够进行综合布线系统各个子系统的单独实训、综合实训及考核 3)工作区子系统实训,信息插座设计和安装实训 4)水平子系统实训,布线路由设计和各种线槽/线管/桥架布线安装实训 5)管理间子系统实训,壁挂式机柜/配线设备布线安装实训 6)垂直子系统实训,各种线槽/线管布线安装实训 7)设备间子系统实训,立式机柜/配线设备布线安装实训 8)进线间子系统实训 9)建筑群子系统实训		
产品特点	每个区域角的一面带有2个楼层分隔板,模拟了3个楼层。每个楼层配1个6U实训机柜,机柜5面有29个进/出线孔,并且有多种安装方式		
技术支持	请访问www.s369.com网站		

2)产品特点和功能:

① 先进技术与竞赛相结合。网络综合布线项目竞赛平台,专业实训设备,实训项目多,性价比高。

② 专利与一流产品相结合。国家专利产品,真实模拟网络综合布线工程技术。

③产品稳定性与可靠性相结合。实训装置为全钢结构，保证10000次以上各种实训次数，实训设备10年以上寿命。

④仿真技术与实际工程相结合。预设100mm×100mm或80mm×100mm间距的各种网络设备、插座、线槽、机柜等安装螺孔，突出工程技术原理实训，实训过程保证无尘操作。

⑤工程与教学相结合。具有网络综合布线系统工程技术设计和实训平台功能，能进行万种布线路径设计和实训操作。保证全班学生同时实训，满足24～48名学生同时实训（分8～12组，每组3或4名学生），同时或者交叉进行综合布线工程工作区、设备间、管理间、水平、垂直等7个子系统的实训。

⑥教学演示与技能实训相结合。具有教学演示和实训双重功能，可在实训装置局部区域安装展示系统。实训一致性好，对于相同的实训项目实训结果相同，并且每组实训难易程度相同。

3）产品使用方法。在IT工程技术实训平台上预设有间距100mm×100mm或80mm×100mm的各种网络设备、插座、线槽、机柜等M6螺孔，必须使用M6×16螺钉（不能使用高强度螺钉）进行设备的安装。

详细的操作方法见本单元其他小节，具体如下：

信息插座的安装方法见实训项目16。

PVC线管的安装方法见实训项目17。

PVC线槽的安装方法见实训项目18。

标准U设备的安装方法见实训项目20。

2．常用工具介绍

在综合布线工程中，经常需要用到多种施工工具。这里以网络管理员工具箱（KYGJX-15）为例分别进行说明。网络管理员工具箱如图5-2所示，其工具名称和用途见表5-2。

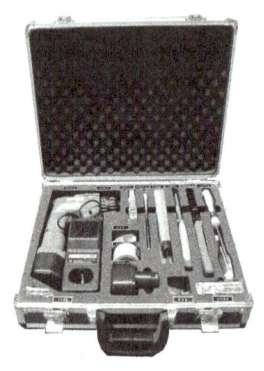 

图5-2 网络管理员工具箱

表5-2 网络管理员工具箱配置表

类　别	技　术　规　格
产品型号	KYGJX-15
外形尺寸	长0.48m，宽0.29m，高0.10m

(续)

类别	技术规格				
	序号	工具名称	规格	数量	用途
配套工具	1	双用网线钳	RJ-45	1把	主要用于压接水晶头,辅助用于剥线
	2	110打线刀	单口	2把	主要用于网线打线
	3	电缆剥线器		2把	用于剥取网线外皮
	4	活扳手	150mm	1个	主要用于拧紧螺母
	5	多功能剪		1把	适用剪一些相对柔软的物件
	6	钢卷尺	2m	1把	主要用于量取耗材、布线长度
	7	十字螺丝刀	100mm	2把	主要用于十字螺钉的拆装
	8	电动螺丝刀		1把	主要用于拧紧或旋松螺钉
	9	充电电池		2块	电动工具配套使用
	10	充电器		1个	电动工具充电使用
	11	六角插柄十字螺丝刀头		5个	配合电动工具用于十字螺钉的拆装
	12	电钻		1个	用于在需要开孔的材料上钻孔
	13	麻花钻	$\phi 6$	2个	钻孔时使用的钻头
	14	麻花钻	$\phi 8$	2个	

表中第1～7项,在实训单元3中已经介绍过,就不再详细说明,这里主要介绍电钻,实物如图5-3所示,使用注意事项如下:

1)电钻属于高速旋转工具,600r/min,必须谨慎使用,以保护人身安全。
2)禁止使用电钻在工作台、实验设备上打孔。
3)禁止使用电钻玩耍或者开玩笑。
4)首次使用电钻时,必须阅读产品说明书,并且在老师的指导下进行,如图5-4所示。

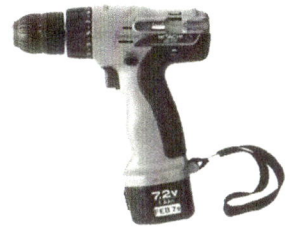
图5-3 电钻

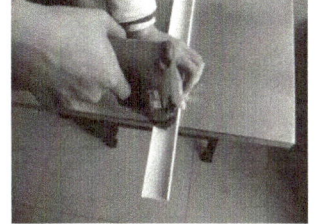
图5-4 电钻的使用

5)装卸钻头时,必须注意旋转方向开关。逆时针方向旋转卸钻头,顺时针方向旋转拧紧钻头。

将钻头装进卡盘时,请适当地旋紧套筒。如不将套筒旋紧的话,钻头将会滑动或脱落,从而造成人体受伤事故。

6)请勿连续使用充电器。每充完1次电后,需等15min左右让电池降低温度后再进行第2次充电。每个电钻配有2块电池,1块使用,1块充电,轮流使用。

7)电池充电不可超过1h。可以观察充电器指示灯,红灯表示正在充电。大约1h,电池即可完全充满。因此,应立即将充电器电源插头从交流电插座中拔出。

5.3　综合布线系统工程安装技术

综合布线系统工程施工与安装范围包括工作区子系统、水平子系统、管理间子系统、垂直子系统、设备间和进线间子系统等，相关关键技术技能请参考本书配套的《网络综合布线系统工程技术实训教程　第5版》，该书由王公儒主编，机械工业出版社出版，封面和书号详见本书封底。

5.4　工程经验

综合布线施工过程中，需要了解很多规范要求，例如，管线敷设允许的弯曲半径、综合布线电缆与电力电缆的间距等。

1. 布线弯曲半径要求

布线中如果不能满足最低弯曲半径要求，双绞线电缆的绞绕节距会发生变化，严重时电缆可能会损坏，直接影响电缆的传输性能。例如在铜缆系统中，布线弯曲半径直接影响回波损耗值，严重时会超过标准规定值，在光纤系统中，则可能会导致高衰减。因此在设计布线路径时，尽量避免和减少弯曲，增加缆线的拐弯曲率半径值。

缆线的弯曲半径应符合下列规定：

1）非屏蔽4对对绞电缆的弯曲半径应至少为电缆外径的4倍。
2）屏蔽4对对绞电缆的弯曲半径应至少为电缆外径的8倍。
3）主干对绞电缆的弯曲半径应至少为电缆外径的10倍。
4）2芯或4芯水平光缆的弯曲半径应大于25mm。
5）光缆容许的最小曲率半径在施工时应当不小于光缆外径的20倍，施工完毕应当不小于光缆外径的15倍。其他芯数的水平光缆、主干光缆和室外光缆的弯曲半径应至少为光缆外径的10倍。

2. 网络电缆与电力电缆的间距

在水平子系统中，经常出现综合布线电缆与电力电缆平行布线的情况，为了减少电力电缆电磁场对网络系统的影响，综合布线电缆与电力电缆接近布线时，必须保持一定的距离。GB 50311国家标准规定的间距见表5-3。

表5-3　综合布线电缆与电力电缆的间距

类　　别	与综合布线接近状况	最小间距/mm
380V以下电力电缆<2kV·A	与缆线平行敷设	130
	有一方在接地的金属线槽或钢管中	70
	双方都在接地的金属线槽或钢管中①	10①
380V电力电缆2~5kV·A	与缆线平行敷设	300
	有一方在接地的金属线槽或钢管中	150
	双方都在接地的金属线槽或钢管中②	80
380V电力电缆>5kV·A	与缆线平行敷设	600
	有一方在接地的金属线槽或钢管中	300
	双方都在接地的金属线槽或钢管中②	150

① 当380V电力电缆<2kV·A，双方都在接地的线槽中且平行长度≤10m时，最小间距可为10mm。
② 双方都在接地的线槽中，系指2个不同的线槽，也可以在同一线槽中用金属板隔开。

3. 缆线在PVC线管/线槽布放根数

缆线布放在管与线槽内的管径与截面利用率应根据不同类型的缆线做不同的选择。管内穿放大对数电缆或4芯以上光缆时，直线管路的管径利用率应为50%～60%，弯管路的管径利用率应为40%～50%。管内穿放4对对绞电缆或4芯光缆时，截面利用率应为25%～35%。布放缆线在线槽内的截面利用率应为30%～50%。

常规通用线槽内布放缆线的最多条数见表5-4。

表5-4 常规通用线槽内布放缆线的最多条数

线槽/桥架类型	线槽/桥架规格/mm	容纳双绞线最多条数	截面利用率
PVC	20×10	2	30%
PVC	25×12.5	4	30%
PVC	30×16	7	30%
PVC	39×18	12	30%
金属、PVC	50×25	18	30%
金属、PVC	60×22	23	30%
金属、PVC	75×50	40	30%
金属、PVC	80×50	50	30%
金属、PVC	100×50	60	30%
金属、PVC	100×80	80	30%
金属、PVC	150×75	100	30%
金属、PVC	200×100	150	30%

常规通用线管内布放缆线的最多条数见表5-5。

表5-5 常规通用线管内布放缆线的最多条数

线管类型	线管规格/mm	容纳双绞线最多条数	截面利用率
PVC、金属	16	2	30%
PVC	20	3	30%
PVC、金属	25	5	30%
PVC、金属	32	7	30%
PVC	40	11	30%
PVC、金属	50	15	30%
PVC、金属	63	23	30%
PVC	80	30	30%
PVC	100	40	30%

实训项目16　信息插座安装实训

1．工程应用

信息插座属于工作区子系统，在智能建筑中随处可见。安装在建筑物墙面或者地面的各种信息插座有单口插座也有双口插座，工作区子系统信息插座应用案例图如图5-5所示。

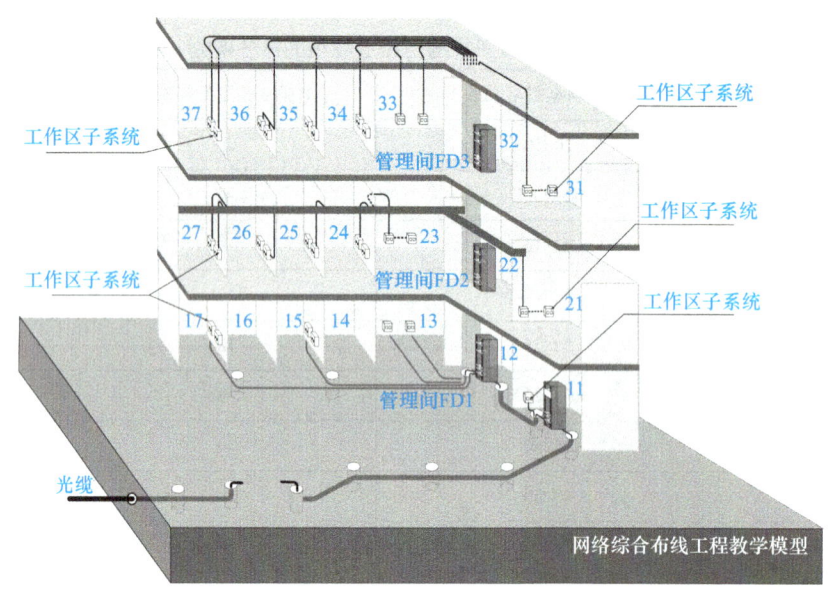

图5-5　工作区子系统信息插座应用案例图

信息插座有墙面安装和地面安装两种方式。墙面安装的插座一般为86系列，插座为正方形，边长86mm，常见的为白色塑料制造。一般采用暗装方式，把插座底盒暗藏在墙内，只有信息面板凸出墙面，如图5-6所示。暗装方式一般配套使用线管，线管也必须暗装在墙面内。也有凸出墙面的明装方式，插座底盒和面板全部明装在墙面，适合旧楼改造或者无法暗藏安装的场合，如图5-7所示。插座底部离地面的高度以0.3m为宜，如图5-8所示。

地面安装的插座也称为"地弹插座"，使用时只要推动限位开关就会自动弹起。一般为120系列，常见的地弹插座分为正方形和圆形两种，正方形的长为120mm，宽为120mm，如图5-9所示，圆形的直径为150mm，如图5-10所示。地面插座要求抗压和防水功能，因此都是黄铜材料铸造。

图5-6　暗装底盒

图5-7　明装底盒

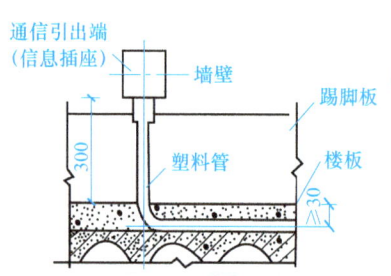

图5-8　信息插座的安装高度

 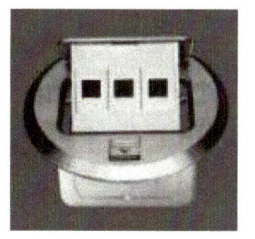

图5-9　方形地弹插座　　　　图5-10　圆形地弹插座

2．信息插座安装基本操作方法

信息插座的安装包括底盒安装、底盒内理线、模块安装和面板安装。下面分别介绍每个安装阶段的安装步骤。

1）信息插座底盒安装。信息插座的底盒分为墙内暗装、墙面明装、地面安装3种安装形式，这里以墙面明装为例介绍安装步骤。

插座底盒安装时，一般按照下列步骤进行。

①准备材料，检查质量和螺钉孔。打开产品包装，检查合格证，目视检查产品的外观质量情况和配套螺钉。重点检查底盒螺钉孔是否正常，如果其中有1个螺钉孔损坏，坚决不能使用。

②去掉挡板。根据进出线方向和位置，去掉底盒预留孔中的挡板，如图5-11所示。

③固定底盒。明装底盒按照设计要求用螺钉直接固定在墙面，如图5-12所示。

2）信息插座内理线和标记。底盒安装好后开始布线，布线时在缆线两端60～80mm处制作标签，缆线在底盒内应预留150～200mm，并且打个环放在底盒内，如图5-13所示。

图5-11　去掉挡板　　　　图5-12　底盒固定　　　　图5-13　信息插座内理线

3）信息插座内端接模块。信息插座底盒内安装有各种信息模块，如光模块、电模块、数据模块、语音模块等。

网络数据模块和电话语音模块的安装方法基本相同，这里以网络数据模块为例进行介绍。安装流程为：准备材料和工具→清理和标记→剥线→分线→端接→安装防尘盖→理线→卡装模块。详细步骤如下。

①准备材料和工具。在每次开工前，必须一次领取当班需要的全部材料和工具，包括网络数据模块、电话语音模块、标记材料、压接工具等，如图5-14所示。

②清理和标记。清理和标记非常重要，在实际工程施工中，一般在底盒安装和穿线较长时间后才能开始安装模块，因此安装前要首先清理底盒内堆积的水泥砂浆或者垃圾，然后将双绞线从底盒内轻轻取出，清理表面的灰尘重新做编号标记，标记位置距离管口约60～80mm，注意做好新标记后才能取消原来的标记，如图5-15所示。

③剥线。剥线之前先把受损的缆线剪去5～10mm，然后确定剥线长度（15mm），接着使用带剥线功能的压接工具剥掉双绞线的外皮，特别注意不要损伤线芯和线芯绝缘层，如图5-16所示。

④分线。一般按照568B线序将双绞线分为4对线，穿过相应的卡线槽，再将每对线分开，分成独立的8芯线，如图5-17所示。

   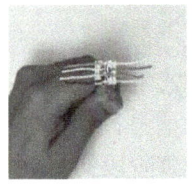

图5-14 准备材料和工具　　图5-15 清理和标记　　图5-16 剥线　　图5-17 分线

⑤端接。按照模块上标记的线序色谱，将8芯线逐一放入对应的线槽内，完成压接，同时剪掉多余的线芯，如图5-18所示。

⑥安装防尘盖。压接完成后，将模块配套的防尘盖卡装好，既能防尘又能防止线芯脱落，如图5-19所示。

⑦理线。模块安装完成后，把双绞线电缆整理好，保持较大的曲率半径，如图5-20所示。

⑧安装模块。把模块卡装在面板上，一般数据在左口，语音在右口，如图5-21所示。

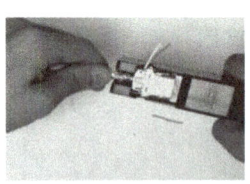 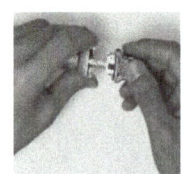 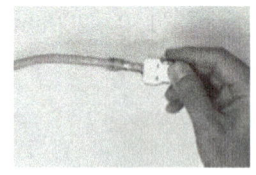 

图5-18 端接　　图5-19 安装防尘盖　　图5-20 理线　　图5-21 安装模块

4）信息插座面板安装实训。面板安装是信息插座安装的最后一个工序，一般应该在端接模块后立即进行，以保护模块。安装时将模块卡接到面板接口中。如果双口面板上有网络和电话插口标记，则按照标记口的位置安装。如果双口面板上没有标记，一般将网络模块安装在左边，电话模块安装在右边，并且在面板表面做好标记。具体步骤如下：

①固定面板。将卡装好模块的面板用两个螺钉固定在底盒上，要求横平竖直，用力均匀，固定牢固。特别注意墙面安装的面板为塑料制品，不能用力太大，以面板不变形为原则。

②面板标记。面板安装完成后应该立即做好标记，将信息点编号粘贴在面板上。

③成品保护。在实际工程施工中，面板安装后，土建还需要修补面板周围的空洞，刷最后一次涂料，因此必须做好面板保护，防止污染。一般常用塑料薄膜保护面板。

3. 信息插座安装实训

按照要求，完成信息点插座底盒安装、模块端接、模块卡装、面板安装、信息点编号标记。信息点必须按照端口对应表中的编号进行标记。信息插座应用案例——建筑群网络综合布线系统模型如图5-22所示。

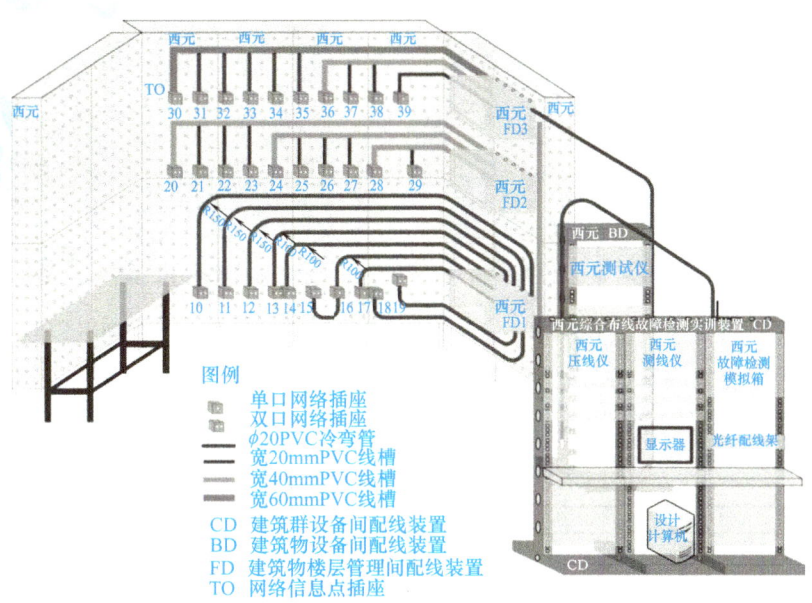

图5-22 建筑群网络综合布线系统模型示意图

1)实训工具:综合布线类工具箱(KYGJX-15或KYGJX-13)。

2)实训设备:IT工程技术实训平台(KYSYZ-12-1233)。

3)实训材料:86系列明装塑料底盒及面板30套、RJ-45网络模块60个、网络双绞线1箱、M6×12螺钉30个、标签2张。

4)实训课时:3课时。

5)实训过程:

①分组,2或3人组成一组进行分工操作。

②准备材料和工具,按照图样要求列出材料和工具清单,准备实训材料和工具。

③安装底盒。首先,检查底盒的外观是否合格,底盒上的螺钉孔必须正常,如果其中有一个螺钉孔损坏坚决不能使用;然后,根据进出线的方向和位置去掉底盒预设孔中的挡板;最后,按设计图样位置用M6螺钉把底盒固定在装置上,如图5-23所示。

④穿线,如图5-24所示。

⑤端接模块,压接方法必须正确,一次压接成功,装好防尘盖,如图5-25所示。

⑥安装面板,模块压接完成后,将模块卡接在面板中,然后安装面板,如图5-26所示。

⑦完成面板标记。

图5-23 安装底盒

图5-24 穿线

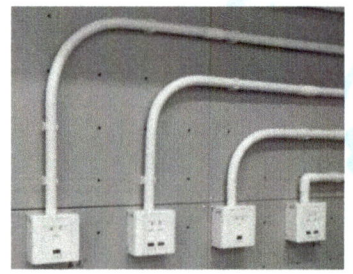

图5-25　端接模块　　　　　　　　　图5-26　安装面板

6）实训质量要求与评分表。质量要求：底盒安装位置正确，牢固，模块端接线序正确，安装防尘盖，面板安装到位、牢固，端口做标签。评分表见表5-6。

表5-6　信息插座安装实训评分表

评分项目	评分细则		评分等级	得分
信息插座安装	每个信息插座5分，信息插座完成底盒安装、模块端接、面板安装才能得分，否则不得分。其中，底盒位置正确，牢固1分；模块端接线序正确，安装防尘盖2分；面板安装到位1分；端口做标签1分	插座10	0，1，2，3，4，5	
		插座11	0，1，2，3，4，5	
		插座12	0，1，2，3，4，5	
		插座13	0，1，2，3，4，5	
		插座14	0，1，2，3，4，5	
		插座15	0，1，2，3，4，5	
		插座16	0，1，2，3，4，5	
		插座17	0，1，2，3，4，5	
		插座18	0，1，2，3，4，5	
		插座19	0，1，2，3，4，5	
		插座20	0，1，2，3，4，5	
		插座21	0，1，2，3，4，5	
		插座22	0，1，2，3，4，5	
		插座23	0，1，2，3，4，5	
		插座24	0，1，2，3，4，5	
		插座25	0，1，2，3，4，5	
		插座26	0，1，2，3，4，5	
		插座27	0，1，2，3，4，5	
		插座28	0，1，2，3，4，5	
		插座29	0，1，2，3，4，5	
		插座30	0，1，2，3，4，5	
		插座31	0，1，2，3，4，5	
		插座32	0，1，2，3，4，5	
		插座33	0，1，2，3，4，5	
		插座34	0，1，2，3，4，5	
		插座35	0，1，2，3，4，5	
		插座36	0，1，2，3，4，5	
		插座37	0，1，2，3，4，5	
		插座38	0，1，2，3，4，5	
		插座39	0，1，2，3，4，5	
总　分				

7）实训报告，具体格式见表5-7。

表5-7 信息插座安装实训报告

班　　级		姓　　名		学　　号	
课程名称				参考教材	
实训名称					
实训目的	1）通过设计信息插座的位置和数量，掌握工作区子系统的设计方法 2）通过领取材料和工具、现场管理，训练和掌握工程管理经验 3）通过信息插座和模块的安装，训练和掌握规范施工能力和方法				
实训设备及材料					
实训过程或实训步骤					
总结报告及心得体会					

实训项目17　PVC线管安装实训

1．工程应用

PVC线管广泛用于建筑物墙体或者地面内暗埋布线使用，一般安装得十分隐蔽。在建筑物交工后，水平子系统很难接近，因此更换和维护水平缆线的费用很高，技术要求也很高。如果经常对缆线进行维护和更换，就会影响用户的正常工作，严重者会中断用户的正常使用。由此可见，PVC管路敷设、缆线选择成为综合布线系统中重要的组成部分。

2．PVC线管安装基本操作方法

1）PVC线管安装。

PVC线管在暗埋施工安装时的程序是：根据土建配管→穿钢丝→布线。

PVC线管在明装施工安装时的程序是：开孔→安装管卡→固定线管→穿牵引线→布线。

这里详细介绍明装PVC管的操作方法。

①准备材料，必须使用配套的专用管卡，如图5-27所示。

②按照设计的布管位置，用M6螺钉把管卡固定好。螺钉头应该沉入管卡内，如图5-28所示。

③将线管安装到管卡中，如图5-29所示。

线管安装必须做到垂直或者水平，如果设计为倾斜，则必须符合设计要求。

实际工程施工时一般每隔1m安装1个管卡。为了达到熟练的目的，在实训过程中建议每100mm安装1个管卡，然后固定PVC管，管卡安装图如图5-30所示。

图5-27　管卡

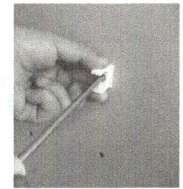
图5-28　安装管卡

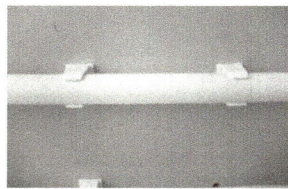
图5-29　安装PVC管

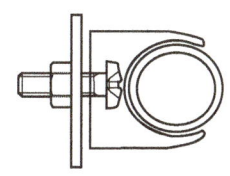
图5-30　管卡安装图

2）线管弯管成型。综合布线施工中如果不能满足缆线最低弯曲半径要求，双绞线电缆的绞绕节距会发生变化，严重时电缆可能会损坏，直接影响电缆的传输性能。例如，在铜缆系统中，布线弯曲半径直接影响回波损耗值，严重时会超过标准规定值，在光纤系统中，则可能导致高衰减。因此在设计布线路径时，尽量避免和减少弯曲，增加缆线的拐弯曲率半径值。

直径在ϕ25mm以下的PVC管工业品弯头、三通，一般不能满足铜缆布线曲率半径的要求。因此，一般使用专用弹簧弯管器对PVC管成型。具体操作步骤如下：

①准备冷弯管，确定弯曲位置和半径，做出弯曲位置标记，如图5-31所示。

②插入弯管器到需要弯曲的位置。如果弯曲较长，在弯管器一端绑一根绳子，放到要弯曲的位置，如图5-32所示。

③弯管。两手抓紧放入弯管器的位置，用力弯管子或使用膝盖顶住被弯曲部位，逐渐弯出所需要的弯度，如图5-33所示。

④取出弯管器，安装弯管，如图5-34所示。

图5-31　准备和标记　　图5-32　插入弯管器　　图5-33　弯管　　图5-34　弯管安装

注意：不能用力过快过猛，以免PVC管发生撕裂损坏。

对于直径在32mm以上的PVC管，使用弯管弹簧会有一定的困难，这时可以使用热煨法，首先将弯管弹簧插入管内，对规格较大的管路，没有配套的弯管弹簧时，可以把细砂灌入管内并振实，堵好两端管口，用电炉或热风机对需要弯曲的部位进行均匀加热，加热到可以弯曲时，将管子的一端固定在平整的木板上，逐步煨出所需要的弯度，然后用湿布抹擦弯曲部位使其冷却定型。

使用弯管器制作出来的线管拐弯如图5-35所示。

在综合布线实训时，对于直径为40mm的PVC管可以使用成品弯头进行拐弯操作，如图5-36所示。

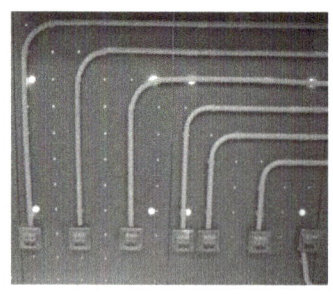 

图5-35　使用弯管器制作的线管拐弯　　　　图5-36　使用成品弯头制作的拐弯

3．PVC线管安装实训

按照如图5-22所示的位置和要求，完成FD1配线子系统线管安装和布线。

1）实训工具：综合布线工具箱（KYGJX-13）。

2）实训设备：IT工程技术实训平台（KYSYZ-12-1233）。

3）实训材料：ϕ20PVC线管1.75m/根×20根、ϕ20PVC管直接头40个、ϕ20PVC管卡80个、M6×12螺钉80个。

4）实训课时：2课时。

5）实训过程：

① 分组，2或3人组成一组进行分工操作。

② 准备材料和工具，按照如图5-22所示的要求列出材料和工具清单，准备实训材料和工具。

③ 安装管卡，按照图示布线路由，在需要安装管卡的位置固定管卡。

④ 安装线管，两根PVC管连接处使用管接头，拐弯处必须使用弯管器制作大拐弯的弯头连接，如图5-37所示。

⑤ 布线，一般明装布线实训时，边布管边穿线；暗装布线时，先把全部管和接头安装到位并且固定好，然后从一端向另外一端穿线。

注意：在布线前必须做好线标。

图5-37 安装PVC管示意图

6）实训质量要求与评分表。质量要求：线管安装位置正确，横平竖直，弯曲半径符合要求、接缝小于1mm，布线正确、预留长度合理。评分表见表5-8。

表5-8 PVC线管安装实训评分表

评分项目	评分细则	评分等级		得 分
PVC线管安装	每根网线布线路由25分，有1处没有完成，直接扣除该路由全部分数。其中，线管安装位置正确、横平竖直10分；弯曲半径符合要求、接缝小于1mm10分；布线正确、预留长度合理5分	路由10	0，5，10，15，20，25	
		路由11	0，5，10，15，20，25	
		路由12	0，5，10，15，20，25	
		路由13	0，5，10，15，20，25	
		路由14	0，5，10，15，20，25	
		路由15	0，5，10，15，20，25	
		路由16	0，5，10，15，20，25	
		路由17	0，5，10，15，20，25	
		路由18	0，5，10，15，20，25	
		路由19	0，5，10，15，20，25	
	总 分			

7）实训报告，具体格式见表5-9。

表5-9　PVC线管安装实训报告

班　级		姓　名		学　号	
课程名称				参考教材	
实训名称					
实训目的	1）通过安装线管和穿线等操作熟练掌握PVC线管的施工方法 2）通过使用弯管器制作弯头熟练掌握弯管器的使用方法和布线曲率半径的要求				
实训设备及材料					
实训过程或实训步骤					
总结报告及心得体会					

实训项目18　PVC线槽安装实训

1．工程应用

在建筑物墙面明装布线时，一般选择PVC线槽。明装布线通常用于对住宅楼、老式办公楼、厂房进行改造或者需要增加网络布线系统的情况。常用的PVC线槽规格有：20mm×10mm、39mm×18mm、50mm×25mm、60mm×30mm、80mm×50mm等。

2．PVC线槽安装基本操作方法

1）线槽安装方法。

PVC线槽布线施工程序是：画线确定安装位置→固定线槽→布线→安装线槽盖板。具体操作步骤如下。

① 进行线槽安装位置和路由设计。

② 准备线槽、弯头等材料和工具。

③ 线槽开孔，在电动工具上夹紧ϕ8mm或ϕ6mm的钻头，在线槽中间位置钻ϕ8mm或ϕ6mm孔，孔的位置必须与实训装置孔对应，每段线槽至少开两个安装孔，如图5-38所示。

④ 固定线槽，用M6螺钉把线槽固定好，每段线槽至少安装两个螺钉，如图5-39所示。

⑤ 在线槽内布线，如图5-40所示。

⑥ 安装盖板，完成布线后盖好线槽盖板，如图5-41所示。线槽安装原理如图5-42所示。

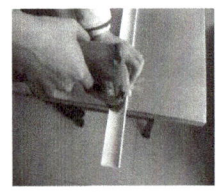  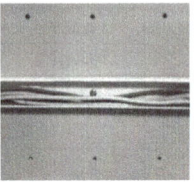 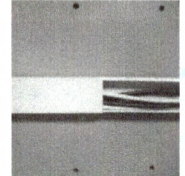 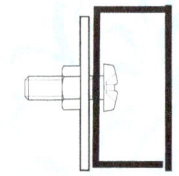

图5-38　钻孔　　图5-39　安装　　图5-40　布线　　图5-41　盖板　　图5-42　线槽安装原理

线槽安装必须做到垂直或者水平，中间接缝没有明显间隙。实际工程施工时，线槽固定间距一般为1m。

2）线槽拐弯。线槽拐弯处一般使用成品弯头，一般有阳角、阴角、三通、堵头等配件，如图5-43所示。使用这些成品配件安装施工简单，而且速度快，使用配件安装示意图如图5-44所示。

阳角　　　　　　　阴角　　　　　　　三通　　　　　　　堵头

图5-43　宽40mmPVC线槽常用配件

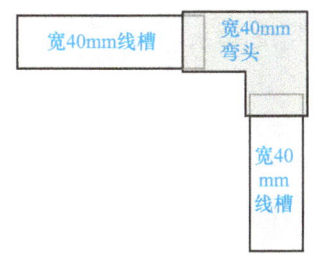 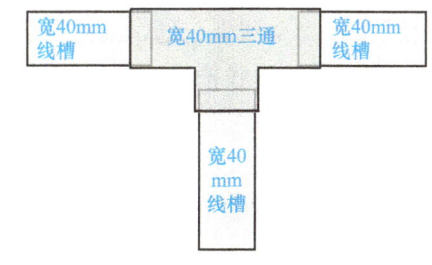

图5-44　弯头和三通安装示意图

使用成品弯头零件和材料进行线槽拐弯处理示意图如图5-45所示。

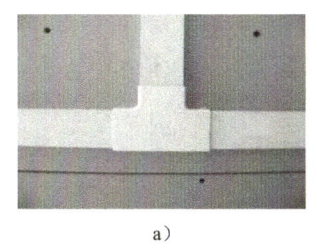 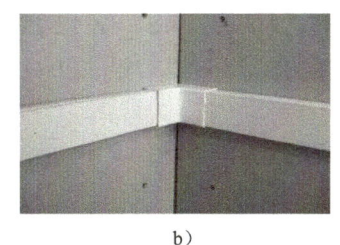 

a)　　　　　　　　　　b)　　　　　　　　　　c)

图5-45　线槽拐弯处理示意图

a）使用三通连接　b）使用阴角连接　c）使用阳角连接

在实际工程施工中，准确计算这些配件的使用数量非常困难，因此一般都是现场自制弯头，这样不仅能够降低材料费而且美观。现场自制弯头时，要求接缝间隙小于1mm、美观。水平弯头制作示意图如图5-46所示，阴角弯头制作示意图如图5-47所示。

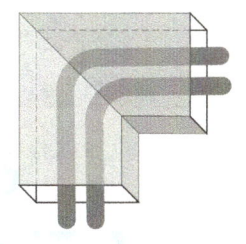 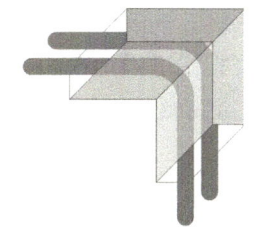

图5-46　水平弯头制作示意图　　　图5-47　阴角弯头制作示意图

自制接头方式进行线槽拐弯的处理如图5-48所示。

 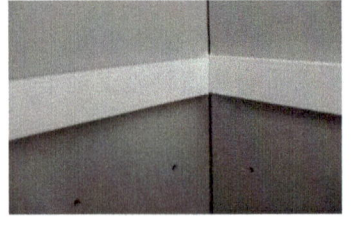 

a)　　　　　　　　　　　　b)　　　　　　　　　　　　c)

图5-48　自制接头

a）直接连接　b）阴角处连接　c）阳角处连接

安装线槽时，首先在墙面测量并且标出线槽的位置，在建工程以1m线为基准，保证水平安装的线槽与地面或楼板平行，垂直安装的线槽与地面或楼板垂直，没有可见的偏差。

拐弯处宜使用90°弯头或者三通，线槽端头安装专门的堵头。

布线时，先将缆线放到线槽中，边布线边装盖板，拐弯处保持缆线有比较大的拐弯半径。完成安装盖板后，不要再拉线，如果拉线会改变线槽拐弯处的缆线曲率半径。

安装线槽时，用水泥钉或者自攻螺钉把线槽固定在墙面上，固定距离为300mm左右，固定必须保证长期牢固。两根线槽之间的接缝必须小于1mm，盖板接缝与线槽接缝错开。

3．PVC线槽安装实训

按照如图5-22所示的位置和要求，完成FD2配线子系统线槽安装和布线。

1）实训工具：综合布线工具箱（KYGJX-13）。

2）实训设备：IT工程技术实训平台（KYSYZ-12-1233）。

3）实训材料：39×18PVC线槽1.75m/根×7根、20×10PVC线槽1.75m/根×3根、M6×12螺钉80个。

4）实训课时：2课时。

5）实训过程：

①分组，2或3人组成一组进行分工操作。

②准备材料和工具。按照如图5-22所示的要求列出材料和工具清单，准备实训材料和工具。

③根据实训要求和路由，先测量好线槽的长度，再使用电钻在线槽上开直径为8mm的孔，孔的位置必须与实训装置安装孔对应，每段线槽至少开2个安装孔。

④用M6×12螺钉把线槽固定在实训装置上。

⑤在线槽布线，边布线边装盖板，必须做好线标，如图5-49所示。

图5-49　PVC线槽安装示意图

6）实训质量要求与评分表。质量要求：线槽安装位置正确，横平竖直，弯头制作正确、接缝小于1mm，布线正确、预留长度合理。评分表见表5-10。

表5-10 PVC线槽安装实训评分表

评分项目	评分细则	评分等级	得分
PVC线槽安装	每根网线布线路由25分，没有完成安装，直接扣除该路由全部分数。其中，线槽安装位置正确横平竖直10分；弯头制作正确，接缝小于1mm10分；布线正确、预留长度合理5分	路由20 0，5，10，15，20，25	
		路由21 0，5，10，15，20，25	
		路由22 0，5，10，15，20，25	
		路由23 0，5，10，15，20，25	
		路由24 0，5，10，15，20，25	
		路由25 0，5，10，15，20，25	
		路由26 0，5，10，15，20，25	
		路由27 0，5，10，15，20，25	
		路由28 0，5，10，15，20，25	
		路由29 0，5，10，15，20，25	
总 分			

7）实训报告，具体格式见表5-11。

表5-11 PVC线槽安装实训报告

班　　级		姓　　名		学　　号	
课程名称					
实训名称				参考教材	
实训目的	1）通过安装线槽和布线等操作熟练掌握PVC线槽的施工方法 2）通过制作弯头熟练掌握制作各种PVC线槽弯头的方法和要求				
实训设备及材料					
实训过程或实训步骤					
总结报告及心得体会					

实训项目19 PVC线管/线槽组合式安装实训

1．工程应用

新建建筑物每个房间内信息点的管道采用暗埋管道至楼道，在楼道内使用明装线槽或者桥架，这样的布线方式为PVC线管/线槽组合式布线（也称为暗管明槽布线方式）。

2．PVC线管预埋原则

前面讲解了PVC线管和PVC线槽的基本操作方法，这里主要介绍PVC线管预埋时遵守的原则。

1）埋管最大直径原则。预埋在墙体中间暗管的最大管外径不宜超过50mm，预埋在楼板中暗埋管的最大管外径不宜超过25mm，室外管道进入建筑物的最大管外径不宜超过100mm。

2）穿线数量原则。不同规格的线管，根据拐弯的多少和穿线长度的不同，管内布放线缆的最大条数也不同。同一个直径的线管内如果穿线太多则拉线困难，如果穿线太少则增加布线成本，这就需要根据现场实际情况确定穿线数量。

3）保证管口光滑和安装护套原则。在钢管现场截断和安装施工中，两根钢管对接时必须保证同轴度和管口整齐，没有错位，焊接时不要焊透管壁，避免在管内形成焊渣。金属管内的毛刺、错口、焊渣、垃圾等必须清理干净，否则会影响穿线，甚至损伤缆线的护套或内部结构。钢管接头示意图如图5-50所示。

暗埋钢管一般都在现场用切割机裁断，如果裁断太快，在管口会出现大量毛刺，这些毛刺非常容易划破电缆外皮，因此必须对管口进行去毛刺工序，保持裁断端面光滑。

在与插座底盒连接的钢管出口，需要安装专用的护套，保护穿线时顺畅，不会划破缆线。这点非常重要，在施工中要特别注意。钢管端口安装保护套示意图如图5-51所示。

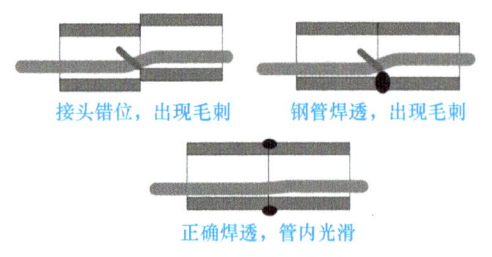
图5-50 钢管接头示意图

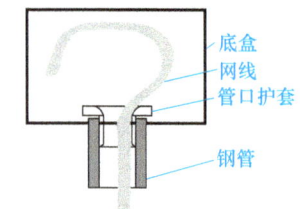
图5-51 钢管端口安装保护套示意图

4）保证曲率半径原则。金属管一般使用专门的弯管器成型，拐弯半径比较大，能够满足双绞线对曲率半径的要求。墙内暗埋φ16、φ20PVC塑料布线管时，要特别注意拐弯处的曲率半径。宜用弯管器现场制作大拐弯的弯头连接，这样既保证了缆线的曲率半径，又方便轻松拉线，降低布线成本，保护线缆结构。

5）横平竖直原则。土建预埋管一般都在隔墙和楼板中，为了垒砌隔墙方便，一般按照横平竖直的方式安装线管，不允许将线管斜放。如果在隔墙中倾斜放置线管，需要异型砖，影响施工进度。

6）平行布管原则。平行布管就是同一走向的线管应遵循平行原则，不允许出现交叉或者重叠。因为智能建筑的工作区信息点非常密集，楼板和隔墙中有许多线管，必须合理布局这些线管，避免出现线管重叠。

7）线管连续原则。线管连续原则是指从插座底盒至楼层管理间之间的整个布线路由的线管必须连续，如果出现一处不连续将来就无法穿线。特别是在用PVC管布线时，要保证管接头处的线管连续，管内光滑，方便穿线，如图5-52所示。如果留有较大的间隙，管内有台阶，将会造成穿牵引钢丝和布线困难，如图5-53所示。

8）拉力均匀原则。水平子系统路由的暗埋管比较长，大部分都在20～50m，有时可能长达80～90m，中间还有许多拐弯，布线时需要用较大的拉力才能把网线从插座底盒拉到管理间。

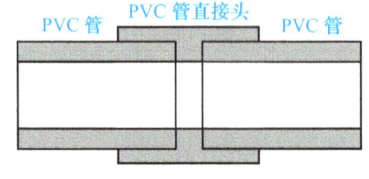
图5-52 PVC管连续

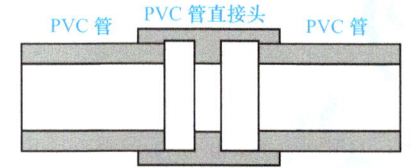
图5-53 PVC管有较大间隙

综合布线穿线时应该采取慢速而又平稳的拉线方式，拉力太大时，会破坏电缆对绞的结构和一致性，引起线缆传输性能下降。

拉力过大还会使线缆内的扭绞线对层数发生变化，严重影响线缆抗噪声（NEXT、FEXT等）的能力，从而导致线对扭绞松开，甚至可能对导体造成破坏。4对双绞线最大允许的拉力为1根100N，2根为150N，3根为200N，n根拉力为n×5+50N。不管多少根线对电缆，最大拉力不能超过400N。

9）预留长度合适原则。缆线布放时应该考虑两端的预留，方便理线和端接。在管理间电缆预留长度一般为3～6m，工作区为0.3～0.6m，光缆在设备端预留长度一般为5～10m。有特殊要求的应按设计要求预留长度。

10）规避强电原则。在水平子系统布线施工中，必须考虑与电力电缆之间的距离，不仅要考虑墙面明装的电力电缆，还要考虑在墙内暗埋的电力电缆。

11）穿牵引钢丝原则。土建埋管后，必须穿牵引钢丝，方便后续穿线。穿牵引钢丝的步骤如下：

① 把钢丝一端用尖嘴钳弯曲成一个ϕ10mm左右的小圈，这样做是防止钢丝在PVC管内弯曲或者在接头处被顶住。

② 把钢丝从插座底盒内的PVC管端往里面送，一直送到另一端出来。

③ 把钢丝两端折弯，防止钢丝缩回管内。

④ 穿线时用钢缆把电缆拉出来。

12）管口保护原则。钢管或者PVC管在敷设时应该采取措施保护管口，防止水泥砂浆或者垃圾进入管口堵塞管道，一般用塞头封住管口并用胶布绑扎牢固。

3. PVC线管/线槽组合式安装实训

按照图5-22所示位置和要求，完成FD3配线子系统线管/线槽安装和布线。

1）实训工具：综合布线工具箱（KYGJX-13）。

2）实训设备：IT工程技术实训平台（KYSYZ-12-1233）。

3）实训材料：39×18PVC线槽1.75m/根×7根、20×10PVC线槽1.75m/根×3根、ϕ20PVC线管1.75m/根×2根、ϕ20PVC管卡10个、M6×12螺钉80个。

4）实训课时：2课时。

5）实训过程：

① 分组，2或3人组成一组进行分工操作。

② 准备材料和工具，按照图5-22所示要求列出材料和工具清单，准备实训材料和工具。

③ 根据实训要求和路由，先测量好线槽的长度，再使用电钻在线槽上开直径为8mm的孔，孔的位置必须与实训装置安装孔对应，每段线槽至少开2个安装孔。

④ 用M6×12螺钉把线槽固定在实训装置上。

⑤ 在需要安装管卡的路由上安装管卡。

⑥ 安装PVC线管。

⑦ 布线，边布线边装盖板，必须做好线标，如图5-54所示。

图5-54 PVC线管/线槽组合式安装示意图

6）实训质量要求与评分表。质量要求：PVC线管/线槽安装位置正确，横平竖直，弯头制作正确、接缝小于1mm，布线正确、预留长度合理。评分表见表5-12。

表5-12 PVC线管/线槽组合式安装实训评分表

评分项目	评分细则	评分等级		得分
PVC线管/线槽组合安装	每根网线布线路由25分，有1处没有完成，直接扣除该路由全部分数。其中，线管/线槽安装位置正确横平竖直10分；弯头制作正确，接缝小于1mm10分；布线正确、预留长度合理5分	路由30	0，5，10，15，20，25	
		路由31	0，5，10，15，20，25	
		路由32	0，5，10，15，20，25	
		路由33	0，5，10，15，20，25	
		路由34	0，5，10，15，20，25	
		路由35	0，5，10，15，20，25	
		路由36	0，5，10，15，20，25	
		路由37	0，5，10，15，20，25	
		路由38	0，5，10，15，20，25	
		路由39	0，5，10，15，20，25	
总　分				

7）实训报告，具体格式见表5-13。

表5-13 PVC线管/线槽组合式安装实训报告

班　级		姓　名		学　号	
课程名称				参考教材	
实训名称					
实训目的	1）通过安装线管/线槽和布线等操作，熟练掌握PVC管槽的施工方法 2）通过制作弯头熟练掌握制作各种PVC线槽弯头的方法和要求				
实训设备及材料					
实训过程或实训步骤					
总结报告及心得体会					

实训项目20　网络设备安装实训

1. 工程应用

在综合布线施工中，网络设备都安装在管理间和设备间的机柜内，主要用于管理间和设备间的缆线端接，从而构成一个完整的综合布线系统。网络设备主要包括网络交换机、网络配线架、110型通信跳线架、理线环等。

2. 标准U设备安装基本操作方法

网络综合布线施工安装的设备都是标准U设备，本节主要对标准U设备的安装步骤进行介绍。

1）交换机、路由器等交互设备的安装。设备在安装前首先检查产品外包装是否完整，然后开箱检查产品、收集和保存配套资料。这里以安装交换机为例介绍设备的安装步骤。交换机包装箱内一般包括1台交换机、2个L形支架、1根电源线、1个管理电缆、4个橡胶脚垫、配套安装螺钉。安装步骤如下：

① 从包装箱内取出交换机设备。

② 安装交换机两侧L形支架，安装时要注意支架方向，如图5-55所示。

③ 将交换机放到机柜中提前设计好的位置，用螺钉固定到机柜立柱上，一般交换机上下要留一些空间用于空气流通和设备散热，如图5-56所示。

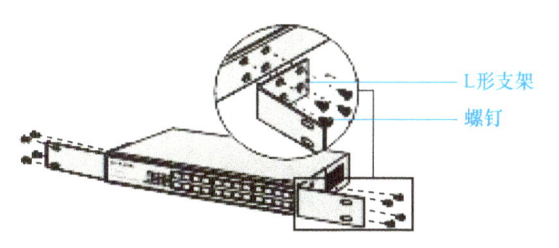

图5-55　交换机L形支架的安装

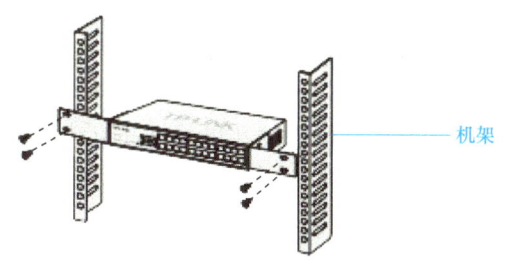

图5-56　交换机上架安装示意图

④ 将交换机外壳接地，将电源线拿出来插在交换机后面的电源接口。

⑤ 完成上面几步操作后就可以打开交换机电源了，在开启状态下查看交换机是否出现抖动现象，如果出现请检查机柜上的固定螺钉松紧情况。

注意： 拧取这些螺钉的时候不要过于紧，否则会让交换机倾斜，也不能过于松垮，这样交换机在运行时会不稳定，在工作状态下设备会抖动。

2）机架式服务器的安装。机架式服务器的外形像交换机，有1U（1U=44.45mm）、2U、4U等规格，机架式服务器的安装尺寸符合通信设备用综合集装架规定。

机架式服务器的安装步骤如下：

① 从包装箱中取出服务器机箱和把手（或安装支架）等设备。

② 将把手与机箱固定，如图5-57所示。

③ 安装服务器导轨。

④ 将机架式服务器放到机柜中提前设计好的位置，用螺钉固定到机柜立柱上，如图5-58所示。

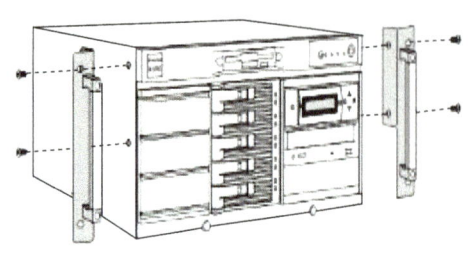
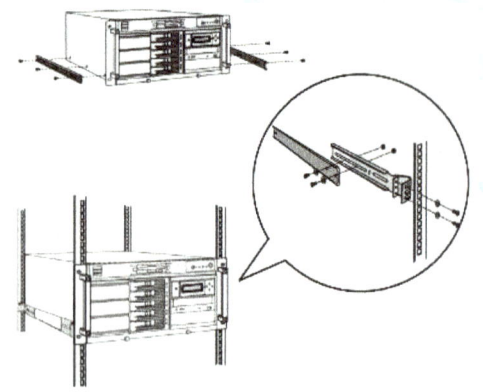

图5-57　安装服务器把手　　　　　　　图5-58　服务器上架安装示意图

3）网络配线架安装。在机柜内部安装配线架前，要进行设备位置规划或按照图样规定确定位置，统一考虑机柜内部的跳线架、配线架、理线环、交换机等设备，同时也要考虑配线架与交换机之间跳线是否方便。

缆线采用地面出线方式时，一般缆线从机柜底部穿入机柜内部，配线架宜安装在机柜下部。缆线采取桥架出线方式时，一般缆线从机柜顶部穿入机柜内部，配线架宜安装在机柜上部。缆线采取从机柜侧面穿入机柜内部时，配线架宜安装在机柜中部。

配线架应该安装在左右对应的孔中，水平误差不大于2mm，更不允许左右孔错位安装。

网络配线架的安装步骤如下：

①取出配线架和配件。

②将配线架安装在机架设计位置的立柱上，如图5-59所示。

图5-59　设备安装位置示意图

③理线。

④端接打线。

⑤做好标记，安装标签条。

4）通信跳线架安装。通信跳线架主要是用于语音配线系统，它是从上级程控交换机过来的接线与到桌面终端的语音信息点连接线之间的连接和跳接部分，以便于管理、维护和测试，一般采用110型通信跳线架。其安装步骤如下：

①取出110型通信跳线架和附带的螺钉。

②利用十字螺丝刀把110型通信跳线架用螺钉直接固定在网络机柜的立柱上。

③理线。

④按打线标准把每个线芯按照顺序压在跳线架下层模块端接口中。

⑤把5对连接模块用力垂直压接在110型通信跳线架上，完成下层端接。

3．标准U设备安装实训

按照如图5-22所示的位置和要求，完成FD1/FD2/FD3配线子系统网络机柜内配线设备的安装和端接。

1）实训工具：综合布线工具箱（KYGJX-13）。

2）实训设备：IT工程技术实训平台（KYSYZ-12-1233）。

3）实训材料：24口网络交换机3台、24口网络配线架3个、理线环3个、110型通信跳线架3个、M6螺钉+螺母+垫片50套。

4）实训课时：2课时。

5）实训过程：

①分组，2或3人组成一组进行分工操作。

②设计一种机柜内安装设备布局示意图，并且绘制安装图，如图5-60所示。

③准备材料和工具。按照如图5-22所示的要求列出材料和工具清单，准备实训材料和工具。

④确定机柜内需要安装的设备及其数量，合理安排配线架、理线环的位置，主要为了使级连线路合理，施工和维修方便。

⑤准备好需要安装的设备，打开螺钉包，在设计好的位置安装交换机、配线架、理线环等设备，注意保持设备平齐，螺钉固定牢固，并且做好设备编号和标记，如图5-61所示。

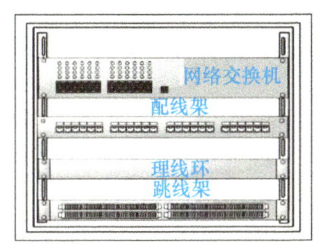

图5-60 设备的安装图

图5-61 安装好的设备

⑥安装完成后，开始理线和压接线缆。

注意：在机柜内设备之间的安装距离至少留1U的空间，便于设备的散热。

6）实训质量要求与评分表。质量要求：机柜内设备安装位置正确，模块端接正确，理线美观。评分表见表5-14。

表5-14 标准U设备安装实训评分表

评分项目	评 分 细 则	评 分 等 级		得　　分
网络设备安装	每组设备（FD）安装齐全、牢固10分，否则不得分。其中设备位置合理、正确5分；模块端接正确，理线美观5分	FD1	0，5，10	
		FD2	0，5，10	
		FD3	0，5，10	
	总　　分			

7）实训报告，具体格式见表5-15。

表5-15　标准U设备安装实训报告

班　级		姓　名		学　号	
课程名称				参考教材	
实训名称					
实训目的	1）通过网络配线设备的安装了解网络机柜内布线设备的安装方法和功能 2）通过配线设备的安装熟悉常用工具和配套基本材料的使用方法				
实训设备及材料					
实训过程或实训步骤					
总结报告及心得体会					

实训项目21　网络机柜安装实训

1．工程应用

机柜的电磁屏蔽性能好、可减少设备噪声、占地面积小、便于管理，被广泛用于综合布线配线设备、网络设备、通信设备等的安装工程中。

一般中小型网络综合布线系统工程中，管理间子系统大多设置在楼道或者楼层竖井内，高度在1.8m以上。由于空间有限，经常选用壁挂式网络机柜，常用的有6U、9U、12U等。

2．网络机柜安装基本操作方法

综合布线系统一般采用19英寸宽的机柜，称之为标准机柜，用以安装各种交换机和配线设备，机柜的安装尺寸符合YD/T1819—2016《通信设备用综合集装架》标准。该标准适用于安装各种有源或无源通信设备的集装架，通信设备安装尺寸如图5-62所示。

1）工业机柜安装方法和步骤。在各种项目中，机房设备是必不可少的，42U机柜是其中的主要设备之一。42U机柜在安装布置时必须考虑远离配电箱，四周保证有1m的通道和检修空间。

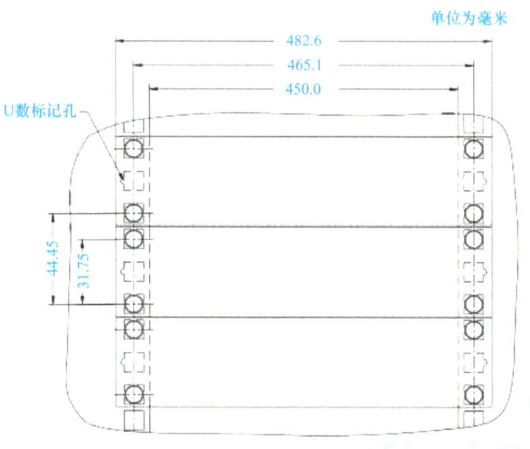

图5-62　19英寸（482.6mm）标准安装尺寸

机柜的安装步骤如下：

①　确定安装的网络机柜类型和外形尺寸，机柜外形图如图5-63所示，其尺寸为1800mm×600mm×800mm。

② 规划安装机柜的空间。在安装机柜之前首先对可用空间进行规划，如图5-64所示。为了便于散热和设备维护，建议机柜前后与墙面或其他设备的距离不应小于0.8m，机房的净高不能小于2.5m。

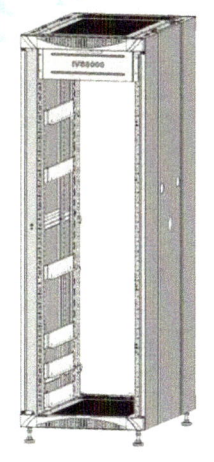

图5-63 机柜外形图

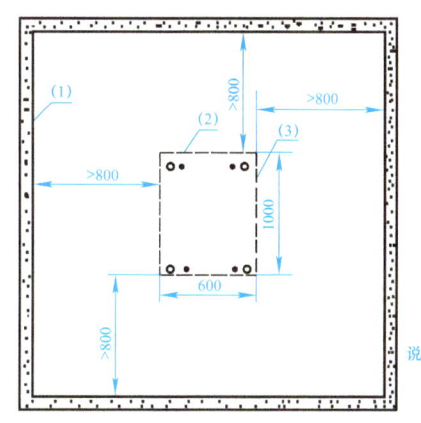

图5-64 机柜的空间规划图

③ 安装前的准备。取出机柜配件及工具，并确定安装位置准确无误，否则会导致返工。

④ 安装机柜。将机柜安放到规划好的位置，确定机柜的前后面，并使机柜的地脚对准相应的地脚定位标记。

注意：有走线盒的一方为机柜的后面。

⑤ 调整机柜，在机柜顶部平面两个相互垂直的方向放置水平尺，检查机柜的水平度。用扳手旋动机柜地脚上的螺杆调整机柜的高度，使机柜达到水平状态，然后锁紧机柜地脚上的锁紧螺母，使锁紧螺母紧贴在机柜的底平面。机柜地脚锁紧示意图如图5-65所示。

⑥ 安装机柜门。机柜门可以作为机柜内设备的电磁屏蔽层，保护设备免受电磁干扰。另外，机柜门可以避免设备暴露于外界，防止设备受到破坏。机柜前后门如图5-66所示。

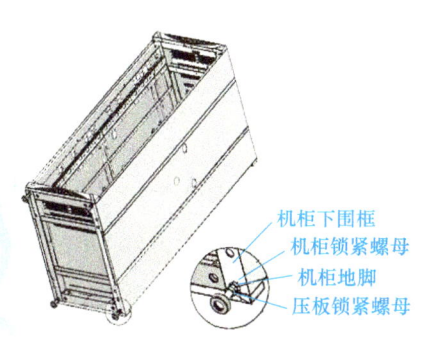

图5-65 机柜地脚锁紧示意图

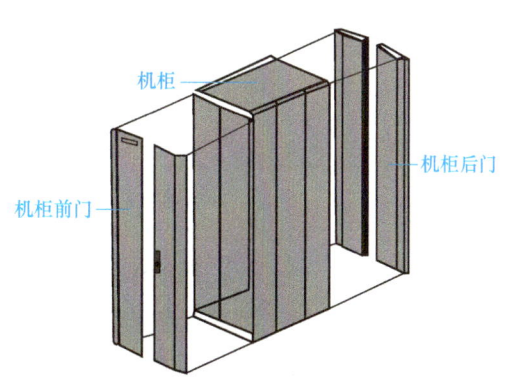

图5-66 机柜前后门示意图

机柜前后门的安装示意图如图5-67所示。

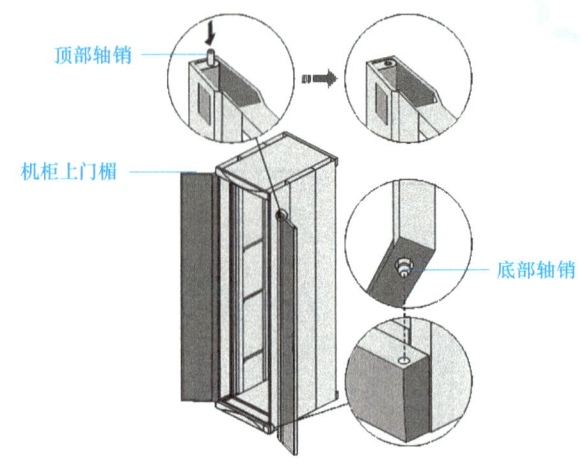

图5-67　机柜前后门安装示意图

安装步骤如下：

a）将门的底部轴销与机柜下围框的轴销孔对准，将门的底部装上。

b）用手拉下门的顶部轴销，将轴销的通孔与机柜上门楣的轴销孔对齐。

c）松开手，在弹簧作用下轴销往上复位，使门的上部轴销插入机柜上门楣的对应孔位，从而将门安装在机柜上。

d）按照上面步骤，完成其他机柜门的安装。

⑦ 安装机柜门接地线。机柜前后门安装完成后，需要在其下端轴销的位置附近安装门接地线，使机柜前后门可靠接地。将门接地线连接门接地点和机柜下围框上的接地螺钉，如图5-68所示。

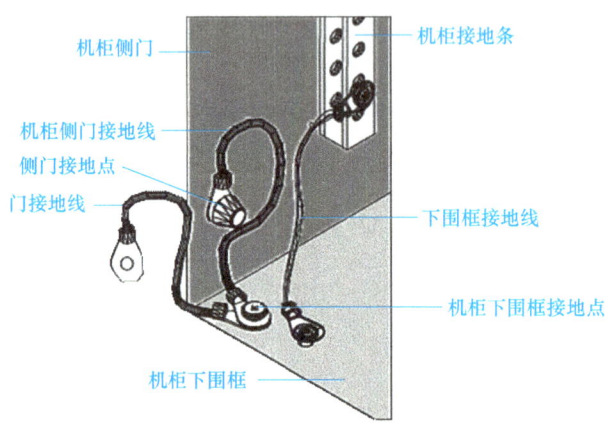

图5-68　机柜门接地线安装示意图

a）安装门接地线前，先确认机柜前后门已经完成安装。

b）旋开机柜某一扇门下部接地螺柱上的螺母。

c）将相邻的门接地线（一端与机柜下围框连接，一端悬空）的自由端套在该门的接地螺柱上。

d）装上螺母，然后拧紧，完成一条门接地线的安装。

e）按照上面的步骤，完成另外门扇接地线的安装。

⑧机柜安装检查。机柜安装完成后，认真检查安装机柜的前后方向是否正确、牢固、机柜安装是否水平。

2）壁挂机柜安装。实际工程中，壁挂式机柜一般安装在墙面，高度在1.8m以上。在进行综合布线实训时，可以根据实训设计需要和操作方便，自己设计安装高度和位置。

①设计壁挂式机柜安装位置，准备安装材料和工具。

②按照设计位置，使用螺钉固定壁挂式网络机柜。

③安装完成后，做好设备编号。安装图如图5-69所示。

图5-69　安装壁挂机柜示意图

3．网络机柜安装实训

按照图5-22所示的位置和要求，完成FD1/FD2/FD3配线子系统网络机柜的安装。

1）实训工具：综合布线工具箱（KYGJX-13）。

2）实训设备：IT工程技术实训平台（KYSYZ-12-1233）。

3）实训材料：6U网络机柜3个、M6螺钉+垫片15个。

4）实训课时：2课时。

5）实训过程：

①分组，2或3人组成一组进行分工操作。

②准备材料和工具，按照如图5-22所示的要求列出材料和工具清单，准备实训材料和工具。

③根据图样要求，确定壁挂式机柜的安装位置。

④准备好需要安装的设备——壁挂式网络机柜，将网络机柜的门先取掉，方便机柜的安装。

⑤使用专用螺钉，在设计好的位置安装壁挂式网络机柜。

⑥安装完成后，将门重新安装到位，如图5-70所示。

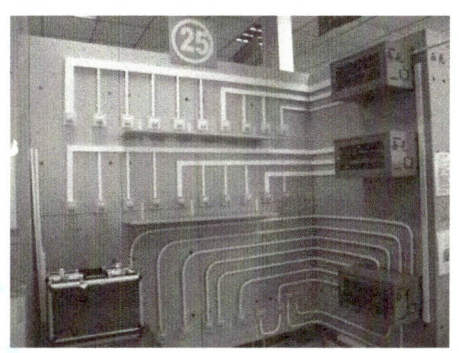

图5-70　壁挂式机柜示意图

⑦最后将机柜进行编号。

6）实训质量要求与评分表。质量要求：网络机柜安装位置正确、端正、牢固。评分表见表5-16。

表5-16　网络机柜安装实训评分表

评分项目	评分细则		评分等级	得　分
网络机柜安装	每个机柜5分，安装不正确不得分。其中，安装位置正确2分；安装端正2分；安装牢固1分	机柜1	0, 1, 2, 3, 4, 5	
		机柜2	0, 1, 2, 3, 4, 5	
		机柜3	0, 1, 2, 3, 4, 5	
总　分				

7）实训报告，具体格式见表5-17。

表5-17　网络机柜安装实训报告

班　级		姓　名		学　号	
课程名称				参考教材	
实训名称					
实训目的	1）通过常用壁挂式机柜的安装了解机柜的布置原则、安装方法及使用要求 2）通过壁挂式机柜的安装熟悉常用壁挂式机柜的规格和性能				
实训设备及材料					
实训过程或实训步骤					
总结报告及心得体会					

实训单元6
综合布线工程常见故障检测与维修技术实训

实践证明，计算机网络系统70%的故障发生在综合布线系统，因此综合布线工程的质量非常重要，必须规范施工，并进行测试。本单元着重介绍工程常见故障以及测试维修方法。

学习目标

1）了解综合布线系统工程常见故障。
2）掌握网络综合布线测试方法。

6.1 综合布线系统工程常见故障和维修方法

综合布线工程中常见故障包括断路、短路、跨接、反接、长度等故障。下面介绍这些故障形成的原因和维修方法。

1）断路故障是指双绞线中一芯或者多芯线中断。断路故障一般多发生在模块端接、配线架端接、水晶头压接等工序或者部位。维修方法是重新进行端接，或者更换模块和水晶头重新进行端接。

断路故障在永久链路中间部位很少出现，往往是因为拉力过大或者在墙面开孔、安装钉子等原因造成的，测试仪显示的断路故障界面如图6-1所示。如果永久链路中间出现断路，一般需要抽出原来的网线，重新安装一根新网线，这在工程施工中非常困难，但是也不得将断路的线芯直接拧接在一起。

2）短路故障是指双绞线的8芯连线中某2芯或多芯接通。测试仪显示的短路故障界面如图6-2所示。短路故障一般多在模块端接、配线架端接等工序或部位，主要是端接时线头未剪掉，多余线头的铜芯直接接触造成短路，如图6-3所示。维修方法是将多余的线头剪掉。

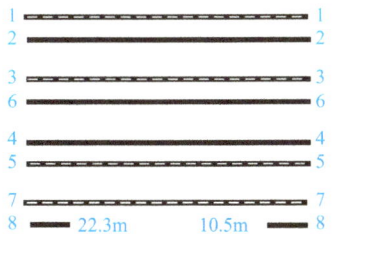 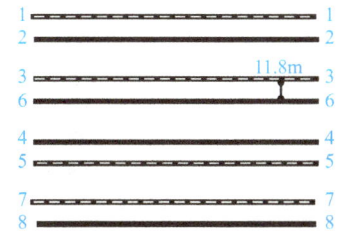 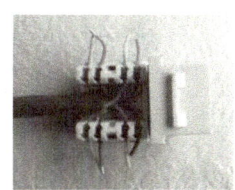

图6-1 断路故障界面　　　　图6-2 短路故障界面　　　　图6-3 线头接触造成短路

短路故障在永久链路中间部位很少出现，偶尔会因在墙面安装钉子等造成，如果永久链路中间出现短路，一般需要抽出原来的网线，重新安装一根新网线，这在工程施工中往往非常困难。

3）跨接故障是指双绞线跨过2芯以上的线序端接，如图6-4所示。跨接故障一般多发生在模块端接、配线架端接、水晶头制作等工序或部位。维修方法是重新按照正确的线序进行端接或者更换水晶头重新进行压接。

4）反接故障是指双绞线中某2芯交叉连接，如图6-5所示。反接故障一般多发生在模块端接、配线架端接、水晶头制作等工序或者部位。维修方法是重新按照正确的线序进行端接或者更换水晶头重新进行压接。

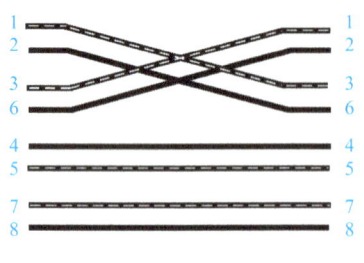
图6-4 跨接故障示意图

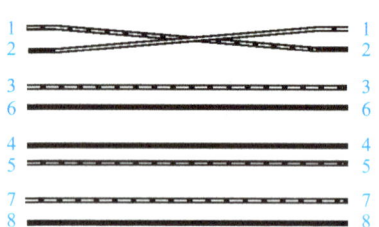
图6-5 反接故障示意图

5）长度故障为永久链路超过80m，信道超过90m。

6.2 综合布线故障检测实训设备介绍

1. 综合布线故障检测实训设备

在综合布线工程中，通常使用测试仪器进行布线测试，学生很难掌握综合布线出现的故障类型，为了使学生能够更好地掌握综合布线故障类型和测试方法，这里使用综合布线故障测试实训装置进行训练，如图6-6所示。该装置上配置有一套故障模拟箱，如图6-7所示，具有综合布线故障检测实训功能。

图6-6 综合布线故障测试实训装置

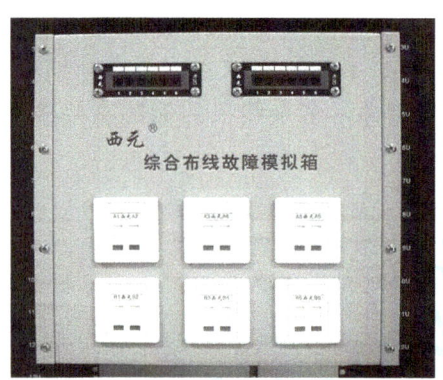
图6-7 综合布线故障模拟箱

1）产品介绍见表6-1。

表6-1 综合布线故障检测实训设备介绍

类　　别	技　术　规　格
产品型号	KYGJZ-07-01、KYGJZ-07-XX等系列产品
外形尺寸	长1800mm，宽650mm，高1800mm
产品重量	175kg
电压/功率	交流220V/400W
主要配套设备	1）网络压接线实验仪1台 2）网络跳线测试仪1台 3）综合布线故障模拟箱1台 4）标准19英寸组合式光纤配线架2台 5）标准19英寸24口网络配线架2台 6）标准19英寸100回110型通信跳线架2台 7）标准19英寸网络理线环4台 8）PDU电源插座1台 9）两块多功能螺孔板具有水平子系统管/槽布线实训功能 10）立柱具有桥架布线实训功能
实训人数	每台设备能够满足4～6人同时实训
实训课时	18课时（RJ-45网络插头和模块端接、配线架端接、通信跳线架端接实训4课时；各种永久链路搭建和端接实训4课时；网络跳线测试、信道链路测试2课时；光纤熔接操作与光缆配线连接实训4课时；综合布线模拟故障测试与维修实训4课时）
实训项目	综合布线模拟故障测试与维修实训；RJ-45网络接头和模块端接实训，配线架端接实训，通信跳线架端接实训；各种永久链路搭建和端接实训；网络跳线测试、信道链路测试实训；光纤熔接操作与光缆配线连接实训

2）产品特点和功能。

① 国家专利产品。该实训台由多个国家专利产品组成，能够真实地模拟网络综合布线子系统工程技术实训。

② 故障模拟功能。能够直观和持续显示跨接、反接、短路、断路等各种故障。

③ 安装有组合式光纤配线架，可以进行光纤熔接、光纤配线操作。

④ 实训寿命长。具有5000次以上配线端接实训功能。

⑤ 落地安装，立式操作，稳定实用，节约空间。

3）产品使用方法。综合布线故障检测实训装置上安装有综合布线故障模拟箱，它共有12条链路，能够模拟综合布线常见的故障，同一链路上6口配线架RJ-45插口与双口信息面板RJ-45插口对应，在检测时按照A1-A1进行实训，具体对应见表6-2。

表6-2 故障模拟箱端口对应

链　　路	1	2	3	4	5	6	7	8	9	10	11	12
6口配线架RJ-45插口	A1	A2	A3	A4	A5	A6	B1	B2	B3	B4	B5	B6
双口信息面板RJ-45插口	A1	A2	A3	A4	A5	A6	B1	B2	B3	B4	B5	B6

2．测试仪器

在综合布线工程中，用于测试双绞线链路的设备通常有通断测试与分析测试2类。前者主要用于链路的简单通断性判定，如图6-8所示，后者用于链路性能参数的确定，如图6-9所示。下面，主要介绍DTX系列产品的性能。

DTX系列的基本配置包括主机与智能远端、彩色中文显示、2块锂电池、永久链路适配器及PM06测试模块、USB接口、便携包和内置对讲机（可通过铜缆或光缆进行通话）。

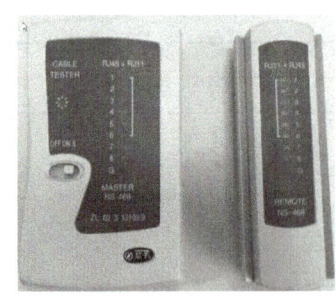

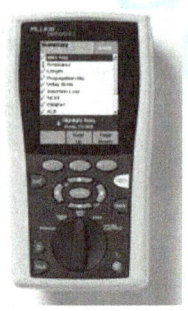

图6-8　"能手"测试仪　　　　　　　　　　　　图6-9　DTX系列产品

1）测试软件。LinkWare软件可完成测试结果的管理，其界面如图6-10所示。LinkWare具有强大的统计功能，其对单个信息点进行单项参数数据统计的结果如图6-11所示。

图6-10　测试界面

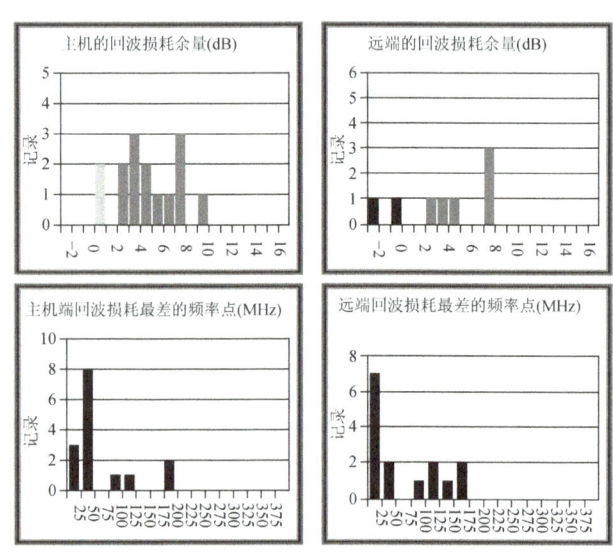

图6-11　信息点数据统计结果

2）测试仪器精度。测试结果中出现"*"表示该结果处于测试仪器的精度范围外，测试仪无法准确判断。测试仪器的精度范围也被称为"灰区"，精度越高"灰区"范围越小，测试结果越可信。FLUKE测试仪成功和失败的灰区结果如图6-12所示。为提高测试仪的精度可以使用高精度的永久链路适配器和匹配性能好的插头。

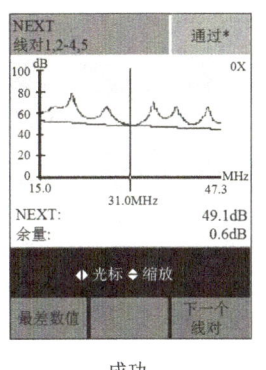 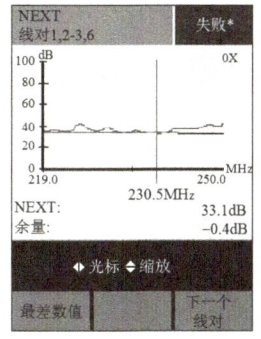

成功　　　　　　　　　　　　失败

图6-12　测试结果

6.3　综合布线系统工程测试技术

在综合布线系统工程故障维修前，首先必须进行系统测试，然后才能快速找到故障，相关专业技术知识和关键技能请参考本书配套的《网络综合布线系统工程技术实训教程　第5版》第12章综合布线系统工程测试，该书由王公儒主编，机械工业出版社出版，封面和书号详见本书封底。

6.4　工程经验

综合布线工程的竣工必须要经过严格的测试，这里介绍几个工程测试经验。

1．测试标准

布线的测试与布线的标准紧密相关。因此，测试前必须确定好测试标准。

2．测试的类型

1）验证测试。验证测试又叫随工测试，是边施工边测试，主要检测缆线的质量和安装工艺，及时发现并纠正问题，避免返工。验证测试不需要使用复杂的测试仪，只需要使用能测试接线通断和线缆长度的测试仪。

2）认证测试。认证测试又叫验收测试，是所有测试工作中最重要的环节，是在工程验收时对综合布线系统的安装、电气特性、传输性能、设计、选材和施工质量的全面检验。认证测试通常分为2种类型：自我认证测试和第三方认证测试。

3．根据链路选择不同的适配器

检测链路时，如果是信道测试，需要使用2个信道适配器，如果用于测试永久链路，则需要使用2个永久链路适配器。DTX-1800电缆分析仪的永久链路测试连接如图6-13所示，信道链路测试连接，如图6-14所示。

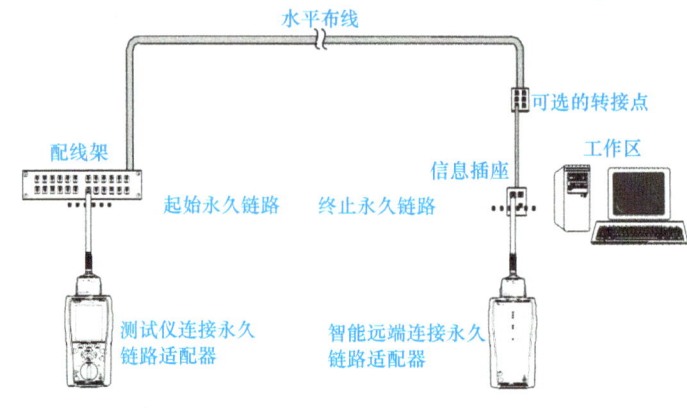

图6-13　永久链路测试连接

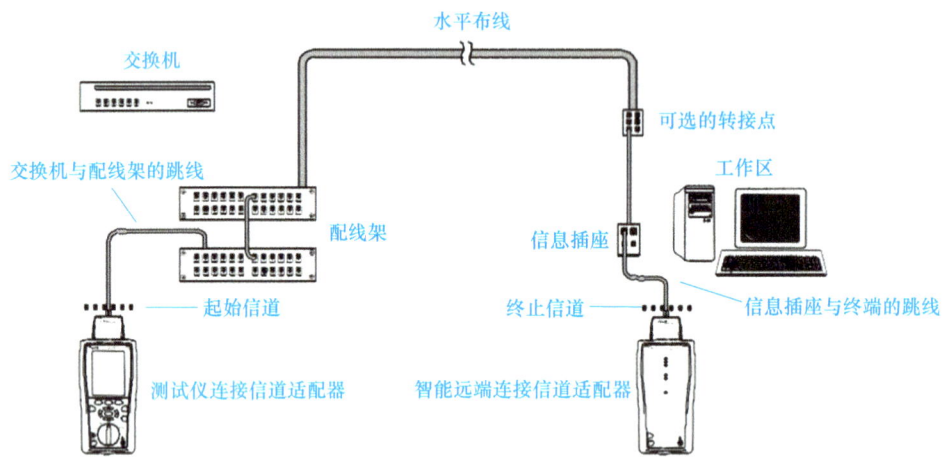

图6-14　信道链路测试连接

4．及时检查测试仪电源存量

测试前要完成对测试仪、智能远端的充电工作并观察充电是否达到80%以上，中途充电可能导致已测试的数据丢失。

实训项目22　综合布线工程故障检测与维修技术实训

1．工程应用

从工程的角度可将综合布线工程的测试分为两类：验证测试和认证测试。

验证测试一般是在施工的过程中由施工人员边施工边测试，以保证所完成的每一个连接的正确性。

认证测试是指对布线系统依照标准进行逐项检测，以确定布线是否达到设计要求，包括连接性能测试和电气性能测试。认证测试通常分为自我认证和第三方认证。

2．综合布线工程测试模型和技术参数

（1）测试模型

1）基本链路模型，如图6-15所示。基本链路包括3个部分：最长为90m的水平布线电缆、两端接插件和2条2m测试设备跳线。

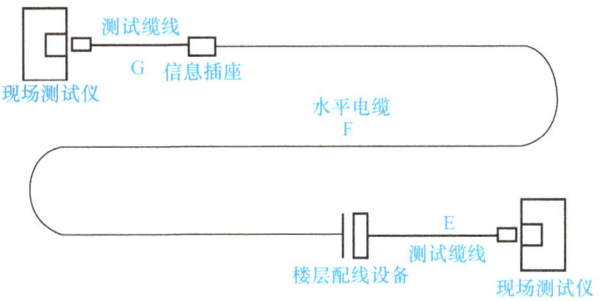

图6-15 基本链路模型

2）信道模型，如图6-16所示。

信道指从网络设备跳线到工作区跳线间端到端的连接，它包括了最长为90m的水平布线电缆、两端接插件、1个工作区转接连接器、两端连接跳线和用户终端连接线，信道最长为100m。

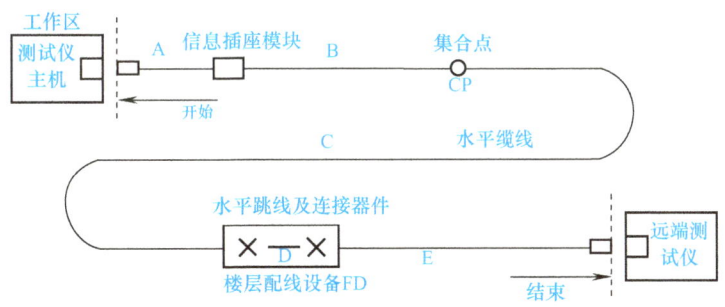

图6-16 信道模型

基本链路和信道的区别在于基本链路不含两端跳接电缆。

3）永久链路模型，如图6-17所示。永久链路又称固定链路，它由最长为90m的水平电缆、两端接插件和转接连接器组成。H为从信息插座至楼层配线设备（包括集合点）的水平电缆，H不超过90m。其与基本链路的区别在于基本链路包括两端的2m测试电缆。在使用永久链路测试时可排除跳线在测试过程中本身带来的误差，从技术上消除了测试跳线对整个链路测试结果的影响，使测试结果更准确、合理。

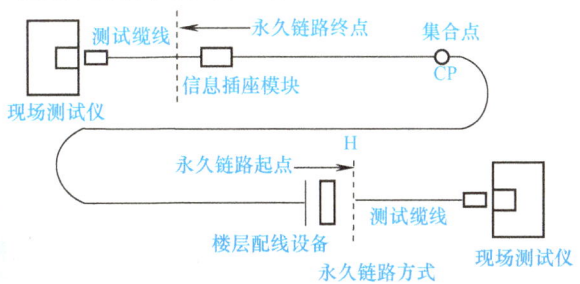

图6-17 永久链路模型

4）各种模型之间的差别。3种测试模型之间的差异性如图6-18所示，主要体现在测试起点和终点的不同、包含的固定连接点不同和是否可用终端跳线等。

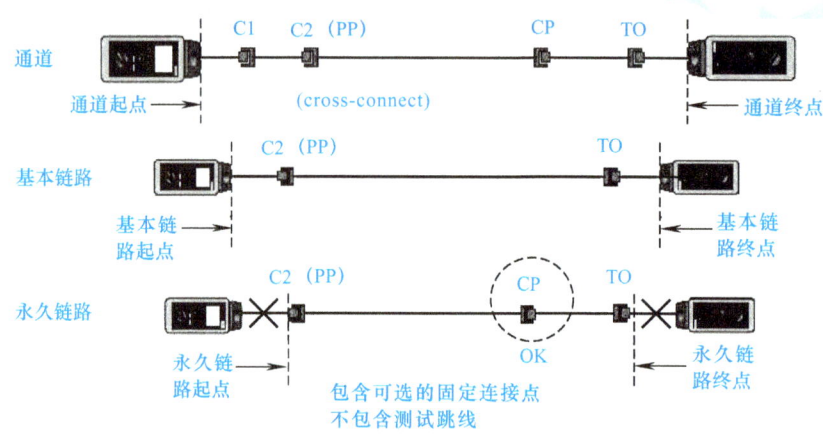

图6-18　3种链路链接模型差异比较

（2）测试性能技术参数

在综合布线的双绞线链路测试中，需要现场测试的性能参数包括传输时延、衰减或插入损耗、近端串扰、综合近端串扰、回波损耗、衰减串扰比、等效远端串扰和综合等效远端串扰等。下面介绍比较重要的几个参数。

1）传输时延。传输时延为被测双绞线的信号在发送端发出后到达接收端所需要的时间，最大值为555ns。信号的发送过程如图6-19所示，测试结果如图6-20所示，从中可以看到不同线对的信号是先后到达对端的。

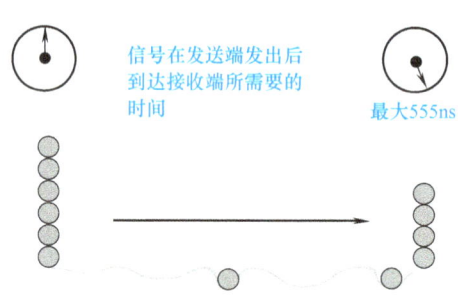

图6-19　信号的发送过程

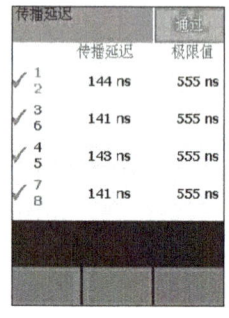

图6-20　传输时延的测试结果

2）衰减或插入损耗。衰减或插入损耗为链路中传输所造成的信号损耗（以dB表示）。信号的衰减过程如图6-21所示，插入损耗的测试结果如图6-22所示。造成链路衰减的主要原因有：电缆材料的电气特性和结构、不恰当的端接和阻抗不匹配的反射，而线路过量的衰减会使电缆链路传输数据变得不可靠。

3）串扰。串扰是测量来自其他线对泄露过来的信号。串扰的形成过程如图6-23所示。串扰又可分为近端串扰（NEXT）和远端串扰（FEXT）。NEXT是在信号发送端（近端）进行测量。NEXT的形成过程如图6-24所示。对比图6-24和图6-25可知，NEXT只考虑了近端的干扰，忽略了对远端的干扰。

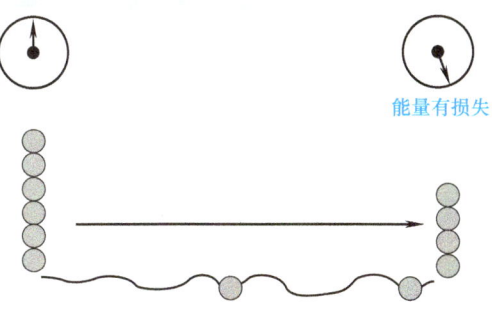
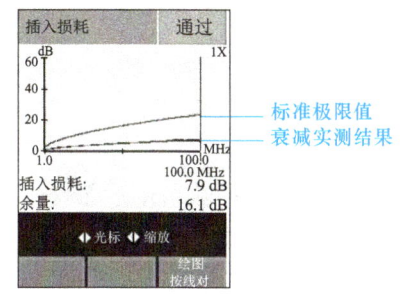

图6-21 信号的衰减过程　　　　　图6-22 插入损耗的测试结果

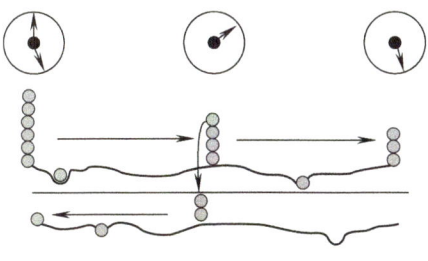
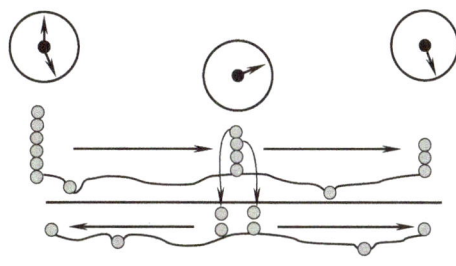

图6-23 串扰的形成过程　　　　　图6-24 NEXT的形成过程

NEXT的影响类似于噪声干扰，当干扰信号足够强的时候，将直接破坏原信号或者接收端将原信号错误地识别为其他信号，从而导致站点间歇锁死或者网络连接失败。

NEXT又与噪声不同，NEXT是缆线系统内部产生的噪声，而噪声是由外部噪声源产生的。双绞线各线对之间的相互干扰关系如图6-25所示。

NEXT是频率的复杂函数，其测试结果如图6-26所示。验证了4dB原则的测试结果如图6-27所示。在ISO/IEC 11801标准中，NEXT的测试遵循4dB原则，即当衰减小于4dB时可以忽略NEXT。

4）综合近端串扰。综合近端串扰（PSNEXT）是一对线感应到所有其他绕对对其的近端串扰的总和。综合近端串扰的形成如图6-28所示，测试结果如图6-29所示。

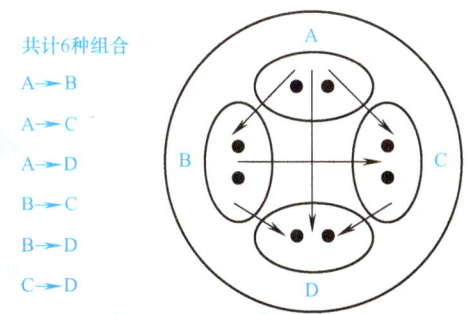
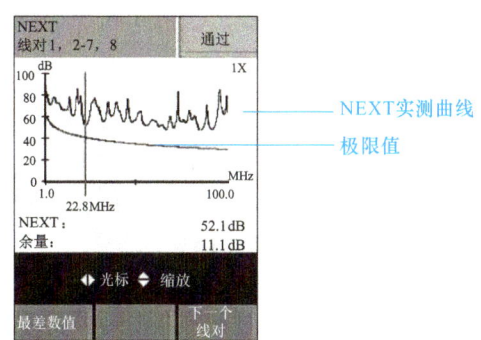

图6-25 线对间的相互干扰关系　　　图6-26 NEXT测试结果

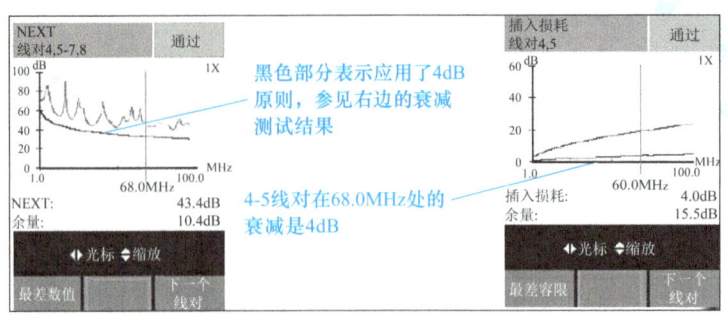

图6-27 4dB原则的测试结果

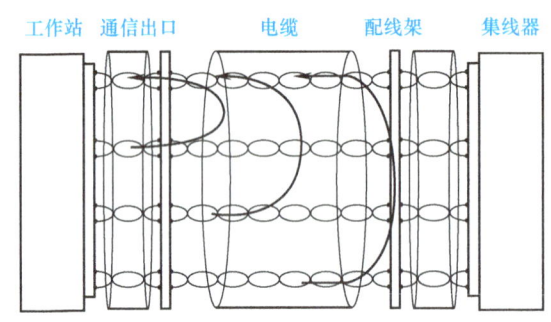

图6-28 综合近端串扰的形成过程

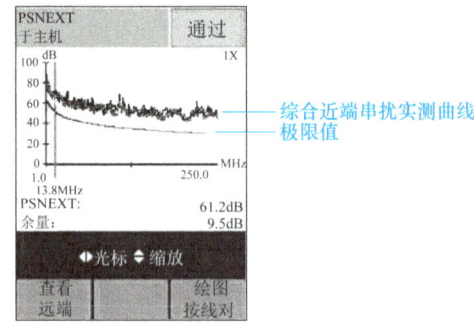

图6-29 综合近端串扰测试结果

5）回波损耗。回波损耗是由于缆线阻抗不连续/不匹配所造成的反射，产生原因是特性阻抗之间的偏离，体现在缆线的生产过程中发生的变化、连接器件和缆线的安装过程。

在TIA和ISO标准中，回波损耗遵循3dB原则，即当衰减小于3dB时，可以忽略回波损耗。回波损耗的产生过程如图6-30所示。回波损耗的影响如图6-31所示。

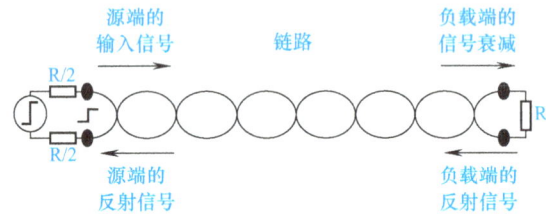

图6-30 回波损耗的产生过程

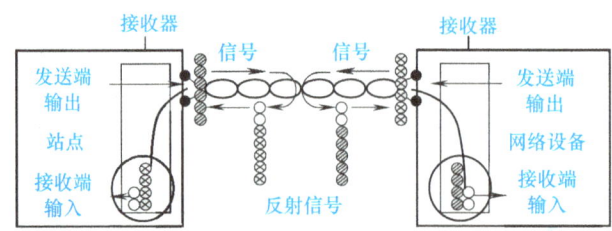

图6-31 回波损耗的影响

6）衰减串扰比。衰减串扰比（ACR）类似信号噪声比，用来表征经过衰减的信号和噪声的比值，ACR=NEXT值-衰减，数值越大越好。ACR的产生过程如图6-32所示。

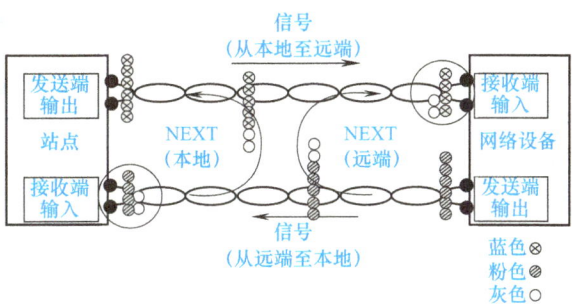

图6-32 ACR的产生过程

3．项目测试步骤

根据项目分析的内容，确定项目实施内容。

（1）确定测试标准

由于该工程为国内工程，所以使用国内常用的GB/T 50312标准测试。

（2）确定测试链路标准

为了保证缆线的测试精度，采用永久链路测试。

（3）确定测试设备

项目全部使用6类线进行敷设，所以测试时必选用DTX的6类双绞线模块进行。

（4）测试信息点

1）将DTX设备的主机和远端机都接好6类双绞线永久链路测试模块。

2）将DTX设备的主机放置在配线间（中央控制室）的配线架前，远端机接入各楼层的信息点进行测试。

3）设置DTX主机的测试标准，将旋钮调至"SETUP"，选择测试标准为"TIA Cat6 Perm.link"，如图6-33所示。

4）接入测试缆线接口。测试中的主机端端接状态如图6-34所示，远端端接状态如图6-35所示。

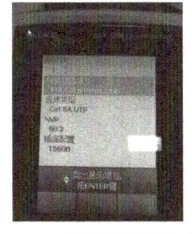  

图6-33 测试标准选择　　图6-34 主机端端接状态　　图6-35 远端端接状态

5）缆线测试。将旋钮调至"AUTO TEST"，按下<TEST>键，设备将自动开始测试缆线，开始测试和保存结果操作分别如图6-36和图6-37所示。

图6-36 开始测试　　　　　　　　　图6-37 保存结果

6）保存测试结果。直接按<SAVE>键即可对结果进行保存。

（5）分析测试数据

通过专用线将结果导入计算机中，通过"LinkWare"软件即可查看相关结果。

1）所有信息点的测试结果如图6-38所示。

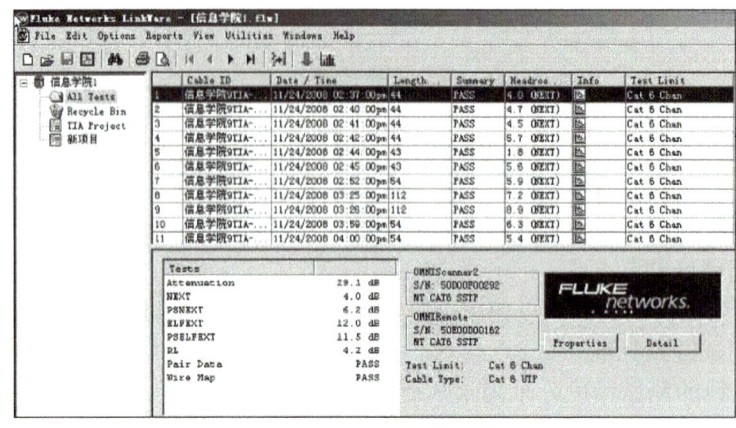

图6-38　所有信息点的测试结果

2）单个信息点的测试结果如图6-39所示。

3）通过预览方式可以查看各个信息点的测试结果。

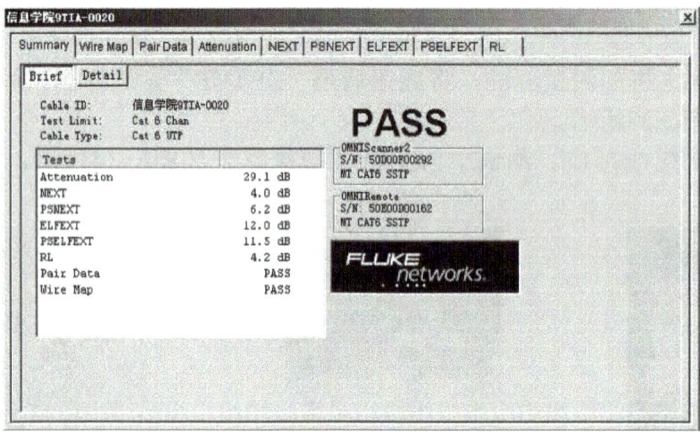

图6-39　单个信息点的测试结果

4．综合布线工程故障检测与维修技术实训

请用FLUKE1800线缆分析仪，检测故障检测实训装置中已经设定的12个永久链路，按照GB/T 50312标准判断每个永久链路检测结果是否合格，判断主要故障类型，分析故障主要原因，并且将检测结果和故障类型、原因等手工填写在故障检测分析表中，见表6-3。

表6-3　综合布线系统常见故障检测分析表

序	链路名称	检测结果	主要故障类型	主要故障原因分析
1	A1链路			
2	A2链路			

（续）

序	链路名称	检测结果	主要故障类型	主要故障原因分析
3	A3链路			
4	A4链路			
5	A5链路			
6	A6链路			
7	B1链路			
8	B2链路			
9	B3链路			
10	B4链路			
11	B5链路			
12	B6链路			

1）实训工具：线缆测试仪1套。
2）实训设备：综合布线故障检测实训装置1台。
3）实训材料：测试仪适配器1套，测试用跳线1套。
4）实训课时：2课时。
5）实训过程：
①打开综合布线故障检测实训装置电源。
②取出线缆测试仪。
③按照线缆测试仪的操作说明及测试链路连接方法进行测试。测试链路连接方法如图6-40所示。

图6-40　测试仪测试链路连接方法

注意：测试仪主机适配器端口所插入故障模拟箱的RJ-45插口与智能远端测试仪所插入的RJ-45插口必须为同一链路，否则容易造成误判，如图6-41和图6-42所示。

图6-41　插入测试仪主机

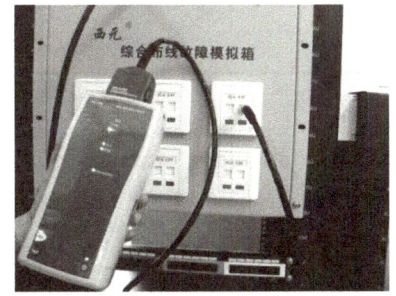

图6-42　插入远端测试仪

用测试仪逐条测试链路，根据测试仪显示数据，判定各条链路的故障位置和故障类型，如图6-43所示。

a)　　　　　　　　　　　　　　　　b)

图6-43　故障测试

a）观察测试过程　b）记录测试结果

④填写故障检测分析表，完成故障测试分析。

⑤故障维修。根据故障检测结果，采取不同的故障维修方法进行故障维修。

维修方法是：将存在故障的链路拆除，参照RJ-45水晶头和RJ-45模块的制作和5对连接块的打线方法重新搭建链路连接。

6）实训质量要求与评分表。质量要求：故障检测结果正确，故障类型判断准确全面，主要原因分析正确。评分表见表6-4。填写要求：检测结果填写"失败"或"通过"，主要故障类型填写"××故障"，主要故障原因分析填写具体故障原因和位置。

表6-4　综合布线工程故障检测与维修技术实训评分表

名　称	评　分　细　则	评分等级		得　分
故障检测和分析	每个链路（A）5分，其中，故障检测结果正确2分；故障类型判断准确全面1分；原因分析正确2分；否则不得分	A1	0，1，2，3，4，5	
		A2	0，1，2，3，4，5	
		A3	0，1，2，3，4，5	
		A4	0，1，2，3，4，5	
		A5	0，1，2，3，4，5	
		A6	0，1，2，3，4，5	
		B1	0，1，2，3，4，5	
		B2	0，1，2，3，4，5	
		B3	0，1，2，3，4，5	
		B4	0，1，2，3，4，5	
		B5	0，1，2，3，4，5	
		B6	0，1，2，3，4，5	
总　分				

7）实训报告，具体格式见表6-5。

表6-5　综合布线工程故障检测与维修技术实训报告

班　级		姓　名		学　号	
课程名称					
实训名称				参考教材	
实训目的	1）了解并掌握各种网络链路故障的形成原因和预防办法 2）掌握线缆测试仪测试网络链路故障的方法 3）掌握常见链路故障的维修方法				
实训设备及材料					
实训过程或实训步骤					
总结报告及心得体会					

实训单元 7
综合布线工程管理与竣工资料实训

综合布线工程组织和实施是时间性很强的工作，具有一定的程序性、经验性和工艺性的特点，这就要进行合理的工程管理。本单元着重介绍综合布线工程管理常识和基本管理方法。

学习目标

1) 了解综合布线系统施工管理流程。
2) 了解综合布线工程竣工资料整理的内容和要求。

7.1 综合布线系统工程管理

1. 工程管理要求达到两个目的

1) 控制整个施工过程，确保每一道工序井井有条，工序与工序之间协调配合。
2) 密切掌握每天的工程进展和质量，发现问题及时纠正。

2. 施工管理基本流程

1) 接到工程施工任务后，与设计人员共同进行现场勘察，交流现场实际情况与设计方案存在的出入，出图，并出勘察纪要，以备设计整改。

2) 提交施工组织设计方案，进行内部交底。施工方案应包括工期进度安排、材料准备、施工流程、设备安装量表、工期质量材料保障措施，内部交底后确定工程解决方案。

3) 对建设方进行施工技术交底，交底内容以施工方案为主，设计思路为辅，交底后编写可行的施工组织设计。

4) 向监理报备和申请施工组织设计，编写开工报告，做好施工准备，包括：

① 落实水、电、库房、办公场地。

② 库房需要配备专职库管员，库管员须对设备和材料的进出库做好登记，在设备开箱时对设备的外观、型号进行检查并记录。库房内的设备材料应堆放有序，并做好防潮、防火工作。

③ 施工队伍安全、文明施工教育，施工队伍施工交底，落实施工队伍安全管理制度。

④ 设备材料报建设方认证，报监理材料审验。

⑤ 向公司提交人员、资金、材料计划。

5) 工程实施阶段。

① 安全管理：对于危险、超高、易爆、易燃、高压等环境做好保障措施。

② 进度管理：合理安排工作计划，按工程整体进度表进行规划，包括资金、材料、人员的使用，加强现场协调。

③质量控制：按照规范检查工作，控制成本，现场变更应及时得到建设方及监理确认。
④同建设方、监理方定期进行现场例会，会后填写会议纪要。
⑤施工资料及时整理积累，做好施工日志。
⑥催要阶段工程款。
6）组织工程自检，发现工程中存在的问题及时解决。
7）协同建设方、监理共同进行工程验收。
8）竣工资料整理，资料内部存档。
9）完成工程总结报告。

7.2 综合布线系统工程管理内容

综合布线系统工程的管理内容涉及现场管理、技术管理、人员管理、材料管理、安全管理、质量管理、成本管理、进度控制等。相关管理制度、管理方法与控制措施等请参考本书配套的《网络综合布线系统工程技术实训教程 第5版》第15章综合布线系统工程管理，该书由王公儒主编，机械工业出版社出版，封面和书号详见本书封底。

7.3 综合布线系统工程竣工资料

文档的整理和移交是每个工程项目最重要也最容易忽略的细节，设计科学而完备的文档不仅可以为用户提供帮助，更重要的是为集成商和施工方吸取经验和总结教训提供了可能。在工程竣工后，施工方应在工程验收之前将工程竣工技术资料交给建设方。竣工技术资料要保证质量，做到外观整洁、内容齐全、数据准确。

1. 竣工技术资料的内容

综合布线系统工程的竣工技术资料应包括以下内容：
① 安装工程量。
② 工程说明。
③ 设备、器材明细表。
④ 竣工图样。
⑤ 测试记录。
⑥ 工程变更、检查记录及在施工过程中，建设、设计、施工等单位对需更改设计或采取的相关措施做出的洽商记录。
⑦ 随工验收记录。
⑧ 隐蔽工程签证。
⑨ 工程决算。

2. 竣工技术资料的要求

综合布线系统工程竣工验收技术文件和相关资料应符合以下要求：
① 竣工验收的技术文件中的说明和图样必须配套并且完整无缺，文件外观整洁，文件应有编号以方便登记归档。

②竣工验收技术文件最少一式三份，如果有多个单位需要或建设单位要求增多份数，可按照需要来增加文件的份数，以满足各方的要求。

③文件的内容和质量要求必须得到保证，做到内容完整无缺、图样数据准确无误、文字图表清晰明确、叙述表达条理清楚。不应有互相矛盾、彼此脱节、图文不清和错误遗漏等现象发生。

④技术文件的文字页数和其排列顺序以及图样编号等要与目录对应，并且有条理，做到查阅简便，以利于考查。

⑤文件和图样应装订成册，以方便取用。

7.4 工程经验

随着综合布线系统移交给用户，综合布线工程已经基本结束，但是工作并没有结束，还需要为用户提供相应的技术支持以保障综合布线系统可靠运行。综合布线系统作为本地计算机网络的基本组成部分，其维护和管理工作的好坏会直接影响整个网络的传输质量，因此必须帮助用户做好综合布线系统的维护和管理工作。

1．系统运行管理

系统运行管理是综合布线系统维护管理工作的核心。它主要是监测综合布线系统运行的状态并进行记录和分析，及时处理综合布线系统运行过程中的问题，完成电气测试以及调度线对等维护工作。

2．维护检修组织管理

维护检修组织管理是保证综合布线系统正常运行的重要措施。它主要是根据综合布线系统和设备的状况，有计划地组织维护检修工作，以保证系统处于良好的运行状态。主要工作包括编制维护检修计划、具体组织维修实施、监督检查以保证维修质量并如期完成、制订和贯彻有关维护管理的规章制度、按时进行维护工作记录和统计等。

3．设备、材料、工具、仪表等日常行政管理

日常行政管理是维护管理中的重要后勤工作，主要包括通信设备、材料、工具及仪表的增添、购置、调拨、保管、维修和领用等一整套行政管理，它具有事务多而烦琐、责任重而细致的特点，是维护管理工作中的关键。

实训项目23　综合布线工程竣工资料实训

根据本书中实训项目1～实训项目22的实训任务，编写项目竣工总结报告，要求报告内容清楚和全面，主要包括项目概况、项目任务、分工安排、施工过程、现场管理等内容。要求报告有封面、项目名称正确、日期正确。

1）实训工具：Word文档。

2）实训设备：安装有Office软件的计算机、打印机。

3）实训材料：打印纸、笔。

4）实训课时：1课时。

5）实训过程：

①收集和整理实训资料。

②编写竣工总结报告。

③打印竣工总结报告。

④装订竣工资料。

6）实训质量要求与评分表。质量要求：外观整洁，内容齐全，数据准确。评分表见表7-1。

表7-1　综合布线工程竣工资料实训评分表

名　称	评 分 细 则	评 分 等 级	得　分
竣工资料	报告有封面10分，否则0分	0，10	
	名称正确10分，否则0分	0，10	
	项目概况完整	0~30	
	项目任务完整	0~30	
	分工安排正确	0~30	
	施工过程完整	0~40	
	现场管理完整	0~30	
	机位号正确10分，否则0分	0，10	
	日期正确10分，否则0分	0，10	
总　分			

7）实训报告，具体格式见表7-2。

表7-2　综合布线工程竣工资料实训报告

班　级		姓　名		学　号	
课程名称				参考教材	
实训名称					
实训目的	1）通过学习掌握综合布线工程管理的目的和施工流程 2）通过学习掌握综合布线工程竣工报告的编写内容 3）掌握竣工资料的装订方法				
实训设备及材料					
实训过程或实训步骤					
总结报告及心得体会					

实训单元8
电工配线端接技术实训

电工技术是综合布线系统等弱电工程必不可少的基本技术，在计算机网络系统、监控系统等弱电工程中经常发生电气技术故障，如电线接头部位发热、断路、短路等，都会影响系统的正常运行，严重时会造成系统瘫痪甚至损坏交换机和终端设备。在综合布线工程施工中涉及室内照明、设备供电、电气箱接线、稳压电源安装等，在视频监控和报警等弱电工程中，信号传输必须使用BNC头、RCA头、PCB端子等，这些接头都需要焊接或者用螺钉拧紧才能实现电气连接，都需要熟练的专业技能。

本单元针对弱电工程岗位技能需要，重点讲述电工配线端接技术原理，并且结合电工配线端接实训装置进行岗位技能实训。

学习目标

1）了解电工配线端接技术和应用。
2）掌握电工配线端接技术操作方法。

8.1 常用线缆的分类及选用

8.1.1 线缆的分类

1. RV线缆

R表示连接用软电缆（软线），V表示绝缘聚氯乙烯，全称为铜芯绝缘聚氯乙烯软线，也称为一般用途单芯软导体无护套电缆，简称单芯多股铜芯软线。

RV线缆如图8-1所示。按照GB/T 5023—2008《额定电压450/750V及以下聚氯乙烯绝缘电缆》标准规定，它是一种由多股铜导体和聚氯乙烯（PVC）绝缘护套组成的单根导线，适合用于电控柜、配电箱及各种低压电气设备等的电力、电气控制信号及开关信号的传输。RV电线电缆采用软结构的设计，导体弯曲半径较小，适用于要求较为严格的柔性安装场所或潮湿多油的安装场所。常用的RV型线缆见表8-1。

表8-1 常用的RV型线缆

截面积/mm²	产品规格/mm 线数/线径	产品结构/mm 导体直径	绝缘厚度	标称外径
0.3	16/0.15	0.71	0.5	1.71
0.5	28/0.15	1.01	0.6	2.16

（续）

截面积/mm²	产品规格/mm 线数/线径	产品结构/mm 导体直径	绝缘厚度	标称外径
0.75	42/0.15	1.26	0.6	2.40
1	32/0.20	1.41	0.6	2.54
1.5	48/0.20	1.71	0.7	3.00
2.5	55/0.24	2.09	0.8	3.69
4	65/0.28	2.80	0.8	4.40
6	84/0.30	3.21	0.8	4.81

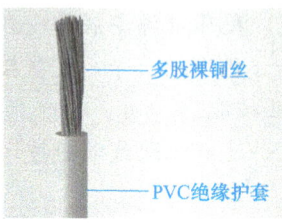

图8-1　RV线缆

2．RVV线缆

R表示连接用软电缆（软线），第1个V表示绝缘聚氯乙烯，第2个V表示护套聚氯乙烯，全称为铜芯聚氯乙烯绝缘聚氯乙烯护套软线，又称轻型聚氯乙烯护套软线，或者普通聚氯乙烯护套软线，俗称软护套线，是护套线的一种，如图8-2所示。

按GB/T 5023的规定，RVV电线是2芯以上的聚氯乙烯绝缘聚氯乙烯护套软线，即两条或以上的RV线外加一层护套。RVV电线是弱电系统最常用的线缆，其芯线根数不定，从2芯到24芯均有，按国标分色，绞合成缆，外层绞合方向为右向，芯线之间的排列没有特别要求，常用的RVV型二芯线见表8-2。

它主要应用于电器、仪表和电子设备及自动化装置等的电源线、控制线及信号传输线，例如，防盗报警系统、楼宇对讲系统、仪器、仪表、监视监控的控制安装等。

表8-2　常用的RVV型二芯线

截面积/mm²	产品规格/mm 线数/线径	产品结构/mm 导体直径	绝缘外径	标称外径
0.5	2×28/0.15	1.01	2.01	3.21×5.22
0.75	2×42/0.15	1.26	2.26	3.46×5.72
1	2×32/0.20	1.4	2.81	4.4×7.2
1.5	2×48/0.20	1.71	3.11	4.7×7.8

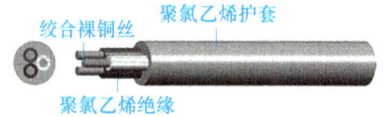

图8-2　RVV线缆

3．BV线缆

B表示固定敷设用电缆（电线），V表示绝缘聚氯乙烯，全称为单芯铜芯聚氯乙烯绝缘电缆，又称为实心导体无护套电缆，如图8-3所示。产品按照GB/T 5023标准生产。

图8-3　BV线缆

BV线又分为ZR-BV和NH-BV两种。

ZR-BV：铜芯聚氯乙烯绝缘阻燃电线，绝缘料加有阻燃剂，离开明火不自燃。

NH-BV：铜芯聚氯乙烯绝缘耐火电线，着火情况下还可以正常使用。

BV线缆是一种由单根导体和聚氯乙烯绝缘护套组成的单根导线，适用于各种直流、交流电压450/750V及以下的动力装置、日用电器、仪表及电信设备用的线路固定敷设等。常用的BV线见表8-3。

表8-3　常用的BV线

截面积/mm²	产品规格/mm 线径	产品结构/mm 绝缘厚度 规定值/mm	产品结构/mm 平均外径 上限/mm
1.5	1.38	0.7	3.3
2.5	1.78	0.8	3.9
4	2.25	0.8	4.4
6	2.76	0.8	4.9

4．BVV线缆

B表示固定敷设用电缆（电线），第1个V表示绝缘聚氯乙烯，第2个V表示护套聚氯乙烯，全称为铜芯聚氯乙烯绝缘聚氯乙烯护套圆形护套线，又称轻型聚氯乙烯护套电缆，俗称硬护套线，是护套线的一种，如图8-4所示。

BVV硬护套线与BV线的区别就是BVV比BV多1层护套，适用于交流电压450/750V及以下的动力装置、日用电器、仪表及电信设备用的电缆电线，同时还用于明装电线。线芯长期允许工作温度不超过65°。常用的BVV线见表8-4。

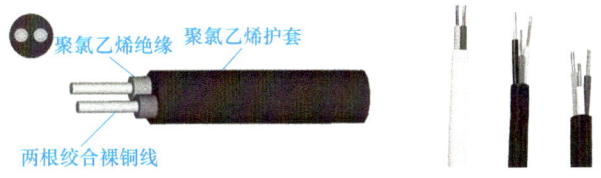

图8-4　BVV线缆

表8-4 常用的BVV线

标称截面积/mm²	产品规格 芯×根/线径/mm	产品结构 外径下限/mm	产品结构 外径上限/mm
1×0.75	1×1/0.97	3.6	4.3
1×1	1×1/1.13	3.8	4.5
1×1.5	1×1/1.38	4.2	4.9
1×2.5	1×1/1.78	4.8	5.8
1×4	1×1/2.25	5.4	6.4
1×6	1×1/2.76	5.8	7.0
1×10	1×7/1.35	7.2	8.8
2×1.5	2×1/1.38	8.4	9.8
2×2.5	2×1/1.78	9.6	11.5
2×4	2×1/2.25	10.5	12.5
2×6	2×1/2.76	11.5	13.5

5. SYV电缆

S表示同轴射频电缆，Y表示绝缘聚乙烯，V表示护套聚氯乙烯，全称为实心聚乙烯绝缘聚氯乙烯护套柔软同轴射频电缆，如图8-5所示，国标代号是射频电缆，是同轴电缆中的一种。

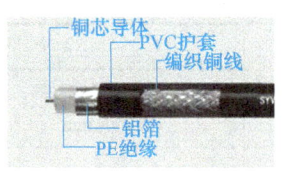

图8-5 SYV电缆

根据GB/T 14864《实心聚乙烯绝缘柔软射频电缆》标准规定，SYV电缆特征阻值有50Ω、75Ω以及100Ω等多种，线径由1mm至28mm。弱电系统工程中常用的同轴视频电缆为特征电阻75Ω、线径3mm、5mm及7mm 3种，型号分别为SYV75-3、SYV75-5和SYV75-7。如果要传输的视频信号是在100m内可以用SYV75-3，如果在300m范围内就可以用SYV75-5，超过300m建议用SYV75-7。

SYV电缆的使用环境为闭路电视（CCTV）、共用天线系统（MATV）以及视频监控的信号转送。物理学证明了视频信号最优化的衰减特性发生在线缆阻抗为77Ω时。在低功率应用中，由于材料及设计因素影响，电缆的最优阻抗为75Ω，所以为了尽可能降低信号衰减，视频同轴电缆的特征电阻设计为75Ω。常用的SYV-75系列线见表8-5。

表8-5 常用的SYV-75系列线

型号	内导体/mm 根数×直径/标称外径	绝缘层/mm 最小厚度	绝缘层/mm 外径	外导体/mm 单线直径	护套/mm 标称厚度	护套/mm 最小厚度	护套/mm 外径
SYV-75-3-41	7×0.17/0.51	1.05	3.00±0.13	0.13～0.15	0.66	0.45	5.0±0.25
SYV-75-5-4	1×0.75/0.75	1.60	4.80±0.20	0.13～0.15	0.88	0.69	7.2±0.30
SYV-75-5-5	1×0.75/0.75	1.60	4.80±0.20	0.13～0.15	0.92	0.74	7.9±0.30
SYV-75-5-41	1×0.75/0.75	1.60	4.80±0.20	0.13～0.15	0.88	0.69	7.2±0.30
SYV-75-5-42	1×0.75/0.75	1.60	4.80±0.20	0.13～0.15	0.92	0.74	7.9±0.30

6. SYWV电缆

S表示同轴射频电缆，Y表示绝缘聚乙烯，W表示物理发泡，V表示护套聚氯乙烯，如图8-6所示，国标代号是射频电缆。

图8-6　SYWV电缆

SYWV电缆常用于有线电视信号传输，其屏蔽层多为铝合金线，不易焊接，通常用作不需焊接的有线电视线，也可用于近距离视频监控系统，常用的SYWV-75系列线见表8-6。

表8-6　常用的SYWV-75系列线

型　号	内导体/mm（根数×直径）	绝缘层外径±0.15/mm	编织数	线缆外径±0.3/mm
SYWV-75-3	1×0.50	2.90	64/96/128	5.00
SYWV-75-4	1×0.60	3.60	64/96/128	6.00
SYWV-75-5	1×0.80	4.80	64/96/128	7.20
SYWV-75-6	1×1.20	5.40	64	8.20
SYWV-75-7	1×1.40	6.80	96	9.80

7. 其他常用线缆

RVVP——铜芯聚氯乙烯绝缘屏蔽聚氯乙烯护套软电缆。

R：连接用软电缆（软线）；V：绝缘聚氯乙烯；V：护套聚氯乙烯；P：屏蔽型。

RVVP铜芯聚氯乙烯绝缘屏蔽聚氯乙烯护套软电缆，又叫作电气连接抗干扰软电缆，是在RVV线缆的护套内增加屏蔽层的一种线缆。虽然供电线缆一般不受电磁干扰影响，但它本身会对其他如控制信号或网络信号产生干扰。当一根电源线和数根数据线缆并行布设的时候，为了节省成本可以布设一根屏蔽电源线，数据线可为普通非屏蔽线。

RVS——聚氯乙烯绝缘绞型软电缆。

R：连接用软电缆（软线）；V：绝缘聚氯乙烯；S：双绞形。

RVS铜芯聚氯乙烯绝缘绞型软电缆又名双绞电线，为双芯RV线绞合而成，没有外护套，用于广播连接。适用于额定电压等级300/300V，一般为2芯对绞，颜色有双白芯、红蓝芯、红白芯和红黑芯等。

RVB——聚氯乙烯绝缘平行软电缆。

R：连接用软电缆（软线）；V：绝缘聚氯乙烯；B：扁形。

RVB铜芯聚氯乙烯绝缘平行软电缆也称扁形无护套软线，比如家里经常用的变压器电源线，其中的芯线和RVV芯线一致，2根芯线是平行的。

AVVR——铜芯聚氯乙烯及护套软结构安装电缆。

A：安装用线缆；V：绝缘聚氯乙烯；V：护套为聚氯乙烯；R：连接用软电缆（软线）。

AVVR线与RVV线结构完全一样，0.5平方数以上的（含0.5）型号就归为RVV，0.3平方数以下的（含0.3）就归为AVVR。

BVR——铜芯聚氯乙烯绝缘软电缆。

B：固定敷设用电缆（电线）；V：绝缘聚氯乙烯；R：连接用软电缆（软线）。

BV为单芯铜线，较硬，不方便施工，但强度大，BVR为多芯铜线，较软，方便施工，但强度小。BV单芯铜线一般用于较为固定的场所，BVR多芯铜线一般用于有轻微移动的场合。另外，BVR多股线的载流量要比单股线大，价格也高些。通常柜内线不需要大的强度，可以用BVR，方便接线。

BLV——单芯铝芯聚氯乙烯绝缘电线。

B：固定敷设用电缆（电线）；L：铝芯；V：绝缘聚氯乙烯。

BLV是铝芯聚氯乙烯绝缘电线，在相同截面积的情况下，BV线载流量大概是BLV的1.29倍。

8.1.2 线缆的选用

在综合布线系统等弱电工程中，根据环境的不同、所用设备的规格不同，需要选用不同种类、不同规格的线缆。其基本原则为：在潮湿或有腐蚀性气体的场所，可选用塑料绝缘导线，以提高导线绝缘水平和抗腐蚀能力；在比较干燥的场所内，可采用橡皮绝缘导线；对于经常移动的用电设备，宜采用多股软导线等。

1．导线截面的选择

在电气线路的安装过程中，一定会遇到导线截面的选择问题，导线的安全载流量关系到供电的可靠性，导线截面积选择正确与否关系到线路的安全性。为了有效地避免事故的发生，作为技术人员，在线路的设计和安装过程中，首先需要查找电工手册和有关书籍，通过计算确定负荷电流后进行查表得出导线的截面积。由于导线的安全载流量是很难记忆的，铜线和铝线不一样，不同的环境温度、穿管与不穿管导线的安全载流量也不一致，使用查电工手册和书籍的方法很难提高工作效率。在长期的实践中，电工技术人员总结了1套速记口诀，方便施工现场快速计算和复核导线截面积。导线安全载流量计算口诀如下：

10下五，100上二；25，35，四三界；70，95，两倍半；穿管温度，八九折；裸线加一半；铜线升级算。

在上述口诀中，数字部分代表导线截面积，汉字部分代表允许通过的电流。

1）"10下五"的意思是铝导线截面积不超过10mm^{2}时，每平方毫米允许通过的电流为5A。

2）"100上二"（读百上二）的意思是铝导线截面积超过100mm^{2}时，每平方毫米通过的电流为2A。

3）"25，35，四三界"的意思是当铝导线截面积在10~25mm^{2}时，每平方毫米允许通过的电流为4A；当铝导线截面积在35~70mm^{2}时每平方毫米允许通过的电流为3A。

4）"70，95，两倍半"的意思是当铝导线截面积在70~95mm^{2}时，每平方毫米允许通过的电流为2.5A。

5）"穿管温度，八九折"的意思是如穿管敷设应打八折，环境温度超过35℃时应打九折。

6）"裸线加一半"的意思是裸导线允许通过的电流要提高50%。

7）"铜线升级算"的意思是铜导线的允许电流与较大一级的铝导线的允许电流相等，

如：1.5mm² 的铜线相当于 2.5mm² 的铝导线的截流量，2.5mm² 的铜线相当于 4mm² 的铝导线的截流量，如此类推。

2．导线的颜色标志

相线 L、零线 N 和保护零线 PE 应采用不同颜色的导线。相关规定见表 8-7。

表8-7　相线L、零线N和保护零线PE导线颜色

类　别	颜色标志	线　别	备　注
一般用途导线	黄色	相线L1	U相
	绿色	相线L2	V相
	红色	相线L3	W相
	浅蓝色	零线或中性线N	
保护接地（接零）中性线（保护零线）	绿/黄双色	保护接地PE 中性线（保护零线）N	颜色组合 3:7
2芯（供单相电源用）	红色	相线L3	
	浅蓝色	零线	
3芯（供单相电源用）	红色	相线L3	
	浅蓝色	零线N	
	绿/黄双色	保护零线PE	
3芯（供三相电源用）	黄色	相线L1	
	绿色	相线L2	
	红色	相线L3	
4芯（供三相四线制用）	黄色	相线L1	
	绿色	相线L2	
	红色	相线L3	
	浅蓝色	零线N	

8.2　电工配线端接技术基本操作方法

1．导线绝缘层剖削

在综合布线系统等弱电工程施工中，导线连接是必不可少的操作，导线绝缘层的剖削是导线配线端接的第一步，下面主要按剖削对象分类来介绍导线绝缘层的剖削方法。

（1）BV线绝缘层的剖削

BV线绝缘层有3种剖削方法，用电工刀、钢丝钳、剥线钳都可以。

1）芯线截面积为 4mm² 及以下的BV线，一般用剥线钳或钢丝钳进行剖削，首选剥线钳进行剖削，步骤如下：

① 将导线卡入与线芯相配的钳口。

② 剥线钳刀口外侧线芯的长度应是需要剥去绝缘层的导线长度，如图8-7a所示。

③ 用手夹紧钳柄，剥去绝缘层，如图8-7b所示。

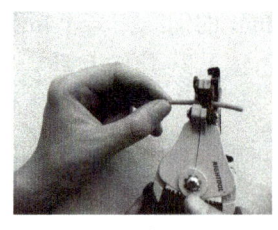 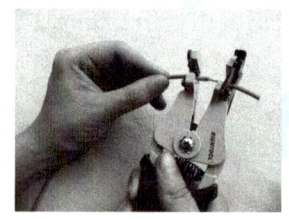

图8-7 剥线钳剖削导线方法

a）导线卡入剥线钳　b）剥去绝缘层

2）用钢丝钳剖削的操作。

①用左手捏住电线，根据线头所需长度，用钳头刀口轻切绝缘层，但不可切入芯线，如图8-8a所示。

②用右手握住钢丝钳头部，用力向外剥去绝缘层，如图8-8b所示。

③左手把紧电线，反方向用力配合。

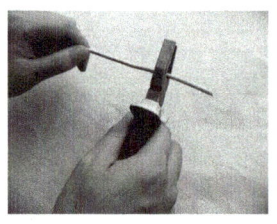 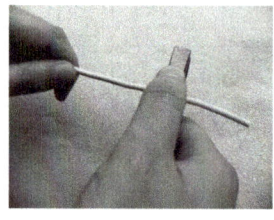

图8-8 钢丝钳剥离绝缘层

a）钢丝钳切绝缘层　b）剥去绝缘层

3）用电工刀剖削的操作。

芯线截面积大于$4mm^2$的BV线，可用电工刀剖削绝缘层，具体操作如图8-9所示。步骤如下。

①用电工刀以45°角倾斜切入绝缘层，不可切入芯线。

②刀面与芯线保持25°左右的角度，用力向线端推削，削去上面一层绝缘层，削出一条缺口。

③将下面绝缘层剥离芯线，向后扳翻，最后用电工刀齐根切去。

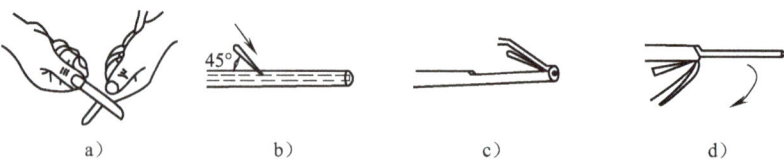

图8-9 电工刀剖削绝缘层

a）握刀姿势　b）刀以45°切入　c）刀以25°倾斜推削　d）扳翻绝缘层并在根部切去

（2）RV线绝缘层的剖削

RV线绝缘层用钢丝钳或剥线钳剖削。

1）用钢丝钳剖削的操作。操作步骤与用钢丝钳剖削BV线绝缘层基本相同。在剖削RV

线绝缘层时，可在左手食指上绕一圈导线，然后握拳捏导线，再两手反向同时用力，右手抽左手拉，即可把端部绝缘层剖离芯线。剖离时右手用力要大于左手。

2）用剥线钳剖削的操作。剖削RV线绝缘层与剖削BV线绝缘层的方法类似。

（3）RVV/BVV线的剖削

RVV/BVV线具有2层绝缘：护套层和每根线芯的绝缘层，可用电工刀剖削其外层护套层，用钢丝钳或剥线钳剖削内部绝缘层，剖削步骤如下：

① 在线头所需长度处，用电工刀刀尖对准护套线中间线芯缝隙处划开护套层，不可切入线芯，如图8-10a所示。

② 向后扳翻护套层，用电工刀将其齐根切去，如图8-10b所示。

③ 在距离护套层5～10mm处，用钢丝钳或剥线钳剖削内部绝缘层，方法与RV线绝缘层的剖削方法类似，如图8-10c所示。

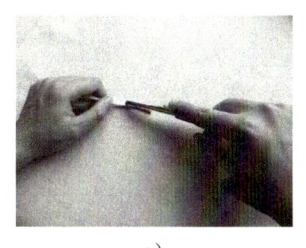  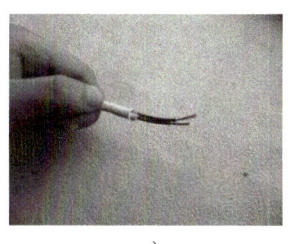

a）　　　　　　　　　b）　　　　　　　　　c）

图8-10　电工刀剖削RVV/BVV线

a）划开护套层　b）切去护套层　c）剥去绝缘层

2．导线的绞合连接方法

需连接的导线种类和连接形式不同，其连接的方法也不同。常用的连接方法有绞合连接、紧压连接、焊接等。连接前应小心地剥除导线连接部位的绝缘层，注意不可损伤其芯线。

铜导线常用绞合连接，绞合连接是指将需要连接导线的芯线直接紧密绞合在一起。

（1）单股铜导线直连

小截面单股铜导线连接方法如图8-11所示。先将两导线的芯线线头作X形交叉，再将它们相互缠绕2或3圈后扳直两线头，然后将每个线头在另一芯线上紧贴密绕5或6圈后剪去多余线头即可。

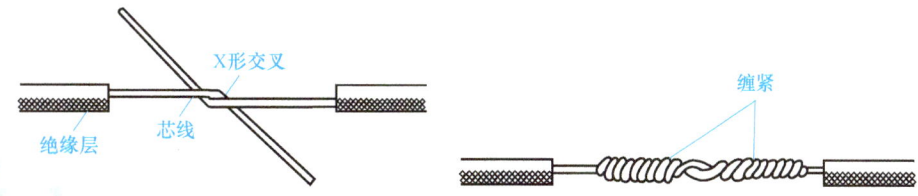

图8-11　小截面单股铜导线的连接方法

（2）单股铜导线的分支连接

单股铜导线的T字分支连接如图8-12所示。将支路芯线的线头紧密缠绕在干路芯线上5～8圈后剪去多余线头即可。对于较小截面的芯线，可先将支路芯线的线头在干路芯线上打一个环绕结，再紧密缠绕5～8圈后剪去多余线头即可。

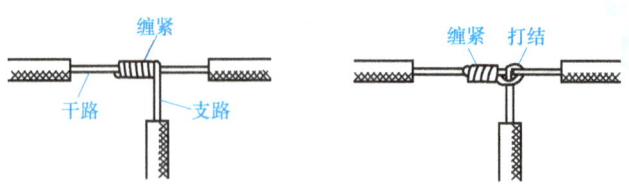

图8-12 单股铜导线的T字分支连接

（3）多股铜导线的直接连接

多股铜导线的直接连接如图8-13所示。首先将剥去绝缘层的多股芯线拉直，将其靠近绝缘层的约1/3芯线绞合拧紧，而将其余2/3芯线成伞状散开，另一根需连接的导线芯线也如此处理。将两伞状芯线相对互相插入后捏平芯线，然后将每一边的芯线线头分为3组，先将某一边的第1组线头翘起并紧密缠绕在芯线上，再将第2组线头翘起并紧密缠绕在芯线上，最后将第3组线头翘起并紧密缠绕在芯线上。以同样的方法缠绕另一边的线头。

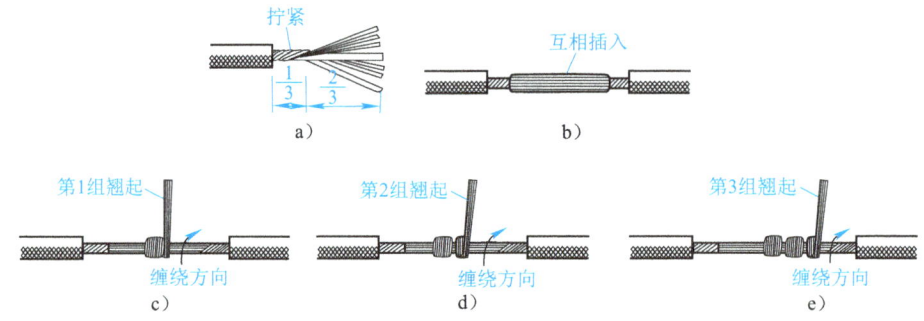

图8-13 多股铜导线的直接连接

a）拧紧　b）互相插入　c）第1组翘起缠绕　d）第2组翘起缠绕　e）第3组翘起缠绕

3．接线柱的连接

接线柱是最基本的接头，其性能最为可靠。任何其他类型的电路连接都不能够像老式螺栓螺母那样形成可拆卸的连接。

基本的铜接线柱装置如图8-14所示。铜螺栓通过2个平垫圈和1个螺母把绝缘板和导线坚固在一起。螺栓顶部有一个手动螺母，连接导线时，只需要把导线缠绕在螺杆上，然后拧紧手动螺母即可。组合接线柱是一种既能绕线又能穿线的螺栓锁紧手动螺母。接线柱的顶部带有一个标准香蕉插座。一般情况下，这种装置都备有一组绝缘垫圈，所以可以把它们安装在金属板上，如图8-15所示。

图8-14 铜接线柱装置

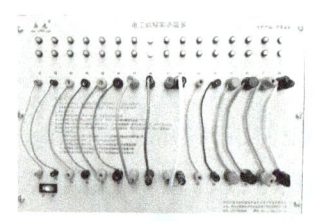

图8-15 接线柱配线端接

8.3 电工配线端接设备及工具介绍

1．电工配线端接设备

在综合布线系统弱电工程中，常常进行电工配线端接工作。为了更好地掌握配线端接技术，需要使用配线端接设备进行配线端接技术训练。这里以电工配线端接实训装置（KYZNH-21）为例进行说明，如图8-16所示。

（1）产品的配置和技术规格

产品配置见表8-8。

表8-8　电工配线端接实训装置产品配置

类　别	产品技术规格
产品型号	KYZNH-21
外形尺寸	长600mm，宽530mm，高1800mm
电压/功率	交流220V/50W
主要配套设备	1）19英寸7U电工端接实训装置1台 2）19英寸7U电工压接实训装置1台 3）19英寸7U电工电子端接实训装置1台 4）19英寸7U音视频线制作与测试实训装置1台 5）19英寸7U电气配电箱1台 6）19英寸38U开放式机架1套 7）19英寸PDU电源分配单元1个
实训人数	每台设备能够同时满足2～4人实训
实训课时	10课时

（2）产品特点和功能

1）国家专利产品，全仿真模拟弱电系统工程中的各种设备电气端接技术。

2）全部设备操作面板工作电压为不超过12V的直流电压，操作安全。

3）指示灯能够直观和持续显示电气线路的跨接、反接、短路、断路等各种常见故障。

4）针对计算机网络和智能管理系统相关专业的教学与实训设计，仿真典型工程现场，落地安装，立式操作，能够进行端接实训5000次以上。

5）涵盖安装工程中常用的电工端接和安装技术，包括各种线径的软线和硬线的端接，也包括各种线径的接线鼻压接。

6）涵盖安装工程中常用的PCB电路板上各种微型接线端子的接线和安装技术，包括各种微型螺钉安装和免螺钉安装技术。

7）涵盖安装工程中常用的音视频接头焊接和安装技术，包括各种同轴电缆使用的BNC头和RCA接头的电烙铁焊接和安装技术。

8）安装有专业的电气配电箱和PDU电源分配单元，包括电度表、空气开关、漏电保护器、接地端子和接零端子等常用电气配件。

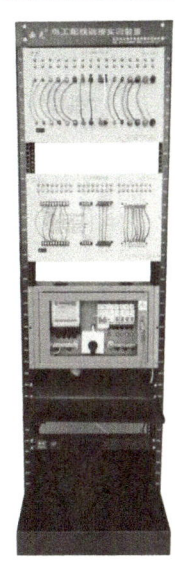

图8-16　电工配线端接实训装置

(3) 产品的使用

1) 电工端接实训装置的使用。电工端接实训装置面板安装有32个指示灯和16组接线柱,如图8-17所示。每组接线柱对应1组2个指示灯,能够同时端接和测试16根导线,指示灯直观显示导线端接状况,特别适合电工剥线和端接方法实训。

进行电工端接实训前,将电工端接实训装置的电源开关打开,将导线逐个端接在接线柱上,观察装置指示灯闪烁情况。具体显示如下:

①每根电线端接可靠和位置正确时,上下对应的接线柱指示灯同时反复闪烁。

②电线一端端接断路时,上下对应的接线柱指示灯不亮。

③某根电线端接位置错误时,上下错位的接线柱指示灯同时反复闪烁。

④某根电线与其他电线并联时,上下对应的接线柱指示灯反复闪烁。

⑤某根电线与其他电线串联时,上下对应的接线柱指示灯反复闪烁。

2) 电工压接实训装置的使用。电工压接实训装置面板安装有48个指示灯和4组接线端子排,如图8-18所示。每组接线端子排对应8组16个指示灯,能够同时端接和测试24根导线,指示灯直观显示导线压接状况,特别适合电工压接线方法实训。

进行电工压接实训前,将电工压接实训装置的电源开关打开,将导线逐个压接在端子排上,观察装置指示灯闪烁情况。具体显示如下:

①每根电线压接可靠和位置正确时,上下对应的接线柱指示灯同时反复闪烁。

②电线一端压接断路时,上下对应的接线柱指示灯不亮。

③某根电线压接位置错误时,上下错位的接线柱指示灯同时反复闪烁。

④某根电线与其他电线并联时,上下对应的接线柱指示灯反复闪烁。

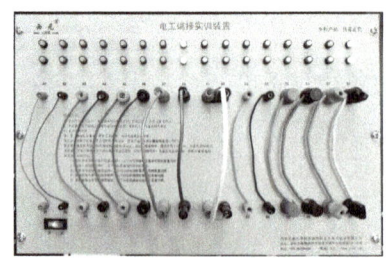

图8-17 电工端接实训装置(见彩图)

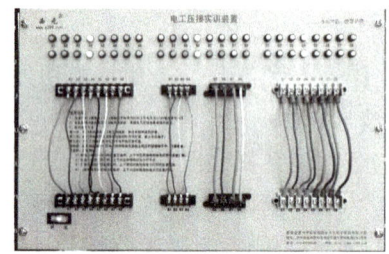

图8-18 电工压接实训装置(见彩图)

3) 电工电子端接实训装置的使用。电工电子端接实训装置面板安装有64个指示灯和8组PCB接线端子,如图8-19所示。每组接线端子对应4组8个指示灯,能够同时端接和测试32根导线,指示灯直观显示导线端接状况。特别适合PCB电路板输入输出的端接技能实训。

进行电工电子端接实训前,将实训装置的电源开关打开,将导线逐个端接在接线端子排上,观察装置指示灯闪烁情况。具体显示如下:

①线缆端接可靠和位置正确时,上下对应的一组指示灯同时反复闪烁。

②线缆任何一端断路时,上下对应的一组指示灯不亮。

③线缆任何一端并联时,上下对应的指示灯反复闪烁。

④线缆端接错位时,上下指示灯按照实际错位的顺序反复闪烁。

4) 音视频端接实训装置的使用。音视频线制作与测试实训装置面板安装有24个指示灯和12组RCA或BNC插座,如图8-20所示。每组接线端子排对应1组2个指示灯,能够同时端接和测试12根音视频线,指示灯直观显示音视频端接状况。特别适合RCA、BNC等接头的制作与测试技能实训。

进行音视频端接实训前,将实训装置的电源开关打开,将导线逐个端接在RCA或BNC插座上,观察装置指示灯闪烁情况。具体显示如下:

①线缆接头端接可靠和插接位置正确时,上下对应的一组指示灯同时反复闪烁。
②线缆一端断路时,上下对应的一组指示灯不亮。
③线缆插接位置错位时,上下指示灯按照实际错位的顺序反复闪烁。

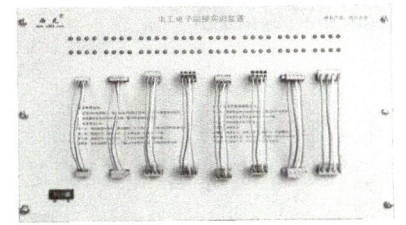 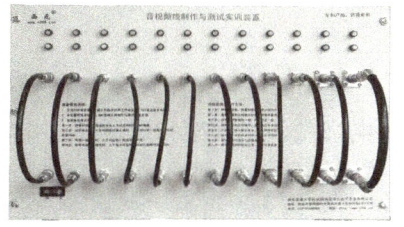

图8-19　电工电子端接实训装置(见彩图)　　图8-20　音视频线制作与测试实训装置(见彩图)

5)电气配电箱。电气配电箱真实模拟了综合布线系统工程中所用的低压配电系统,如图8-21所示,符合国家标准GB 7251,可以直观地展示出低压配电系统的原理及应用方法。设备为交流220V电源输入,配电箱内所用电表、断路器、指示灯、电源插座及接线端子的工作电压均为220V交流电。

图8-21　电气配电箱(见彩图)

2.常用工具介绍

在电工配线端接施工中,要用到多种施工工具。以智能化系统工具箱(KYGJX-16)为例分别进行说明,如图8-22所示。

图8-22　智能化系统工具箱(见彩图)

工具名称和用途如下:

1)数字万用表:是一种多用途电子测量仪器,主要用于测量电子元器件或电路内的电压、电阻、电流等数据,方便对电子元器件和电路的分析诊断。实物如图8-23所示。万用表在使用中应注意不可以用电流档位直接测量电源或电池电流,因为在电流档位万用表的阻值很小,直接测量电源和电池时会造成短路。万用表在不使用时应调回"OFF"档位。

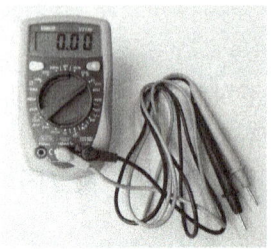 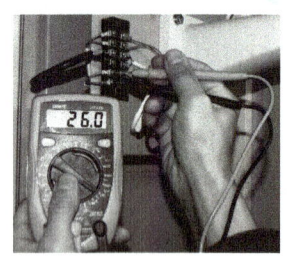

图8-23　数字万用表

2）电烙铁、烙铁架和焊锡丝:电烙铁用于焊接电子元器件和导线,因为其工作时温度较高容易烧坏所接触到的物体,所以一般在不使用时应放置在烙铁架上,焊锡丝是电子焊接作业中的主要消耗材料。实物如图8-24所示。

 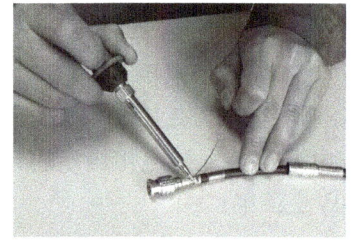

图8-24　电烙铁、烙铁架和焊锡丝

3）多功能剪:用于裁剪相对柔性的物件,如线缆护套或热缩套管等,不可用多功能剪裁剪过硬的物体或缆线等。实物如图8-25所示。

4）双用网线钳:用于压制水晶头,可压制RJ-45和RJ-11两种水晶头。实物如图8-26所示。

5）110打线刀:用于网络线缆或电话线缆模块的端接打线。实物如图8-27所示。

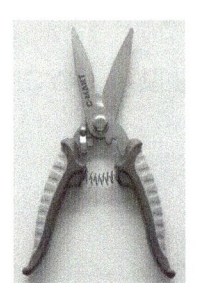 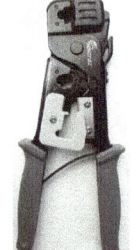 

图8-25　多功能剪　　　　　图8-26　双用网线钳　　　　图8-27　110打线刀

6）测电笔:用来测量市电极相。测电笔有2种,普通测电笔和数显测电笔,这两种测电笔的差别主要是数显测电笔可显示被测电源的电压,实物如图8-28所示。测电笔在使用时手不能接触笔头部分,用笔头插入电源插座的插孔内,普通测电笔需用手按住笔尾铜帽,若测电笔点亮或有显示则说明被测插口为火线,若测电笔没有反应则说明被测插口没有供电或插口为零线。

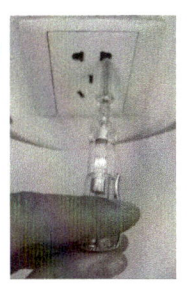 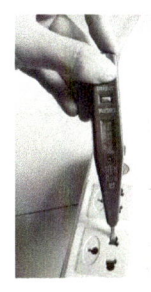

a)　　　　　　　　　　b)

图8-28　2种测电笔测量电源

a）普通测电笔　b）数显测电笔

7）镊子：用来夹取细小物件和协助固定物品。

8）电缆剥线器：电缆剥线器用于剥开线缆外皮，剥线器安装有可调压线槽，可根据线缆粗细调整压线槽以方便切割。实物如图8-29所示。

9）多功能剥线钳：用于剥开较细的线缆的绝缘层，剥线钳有不同大小的豁口以方便剥开不同直径的线缆。实物如图8-30所示。

10）电工快速冷压钳：电工快速冷压钳有很多种，分别适用于不同冷压端子的压制，如图8-31所示。这里选取3种常用的冷压钳：①C型冷压钳，主要用于压接冷压型BNC接头；②N型冷压钳，主要用于压接非绝缘冷压端头；③W型冷压钳，主要用于压接绝缘冷压端头。实物如图8-32所示。

 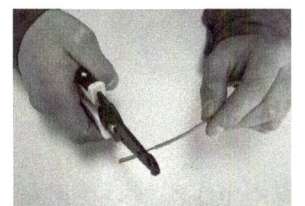 

图8-29　电缆剥线器　　　图8-30　多功能剥线钳　　　图8-31　电工快速冷压钳

a)　　　　　　　　　　b)　　　　　　　　　　c)

图8-32　常用的冷压钳

a）C型　b）N型　c）W型

11）尖嘴钳：用以夹持或固定小物品，也可以裁剪铁丝或一般的电线等。实物如图8-33所示。

12）斜口钳：用以裁剪电线、铁丝或剪切其他物品。实物如图8-34所示。

13）老虎钳：用以夹持较大物品或剪短较硬的线缆和钢丝等。实物如图8-35所示。

14）活扳手：用以固定螺母，可根据螺母规格调整钳口大小。实物如图8-36所示。

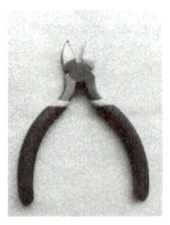 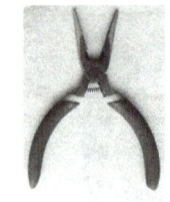 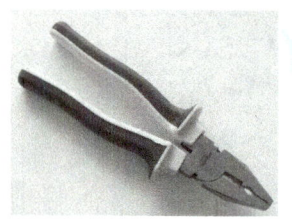 

图8-33　尖嘴钳　　　　图8-34　斜口钳　　　　图8-35　老虎钳　　　　图8-36　活扳手

15）钢卷尺：用以测量长度、量取线缆、测量设备距离等，钢卷尺尺身非常锋利，使用时注意不要用手直接捏持尺身两侧。实物如图8-37所示。

16）螺丝刀：分一字槽和十字槽两种，分别用来拆装一字螺钉和十字螺钉。实物如图8-38所示。

17）电工微型螺丝刀：分一字槽和十字槽两种，专用于拆装电子元器件上的螺钉或其他小型螺钉。实物如图8-39所示。

 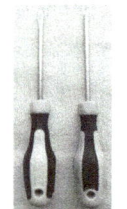 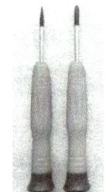

图8-37　钢卷尺　　　　　　　图8-38　螺丝刀　　　　　　　图8-39　电工微型螺丝刀

8.4　工程经验

在综合布线系统弱电工程中电工配线端接质量的好坏直接影响系统运行的稳定性。在工程项目端接过程中需要注意以下几点。

1. 正确连接导线

在大多数电气安装与维修中都需要把导线连接到接线端子或者把导线与其他导线相连，这就必须正确剖削、插接和连接导线，否则将会出现问题。对导线连接的基本要求是：连接牢固可靠、接头电阻小、机械强度高、耐腐蚀耐氧化、电气绝缘性能好。

2. 正确使用电工工具

电工工具质量的好坏、工具是否规范、使用方法是否得当，都直接影响电气工程的施工质量及工作效率，直接与施工人员的安全相关。因此，电气操作人员必须掌握电工常用工具的结构、性能和正确的使用方法。

3. 学生实训用电安全常识

1）不能湿手操作实训设备。

2）保持实训设备干燥。

3）实训前要了解设备电源总开关的位置，学会在紧急情况下关闭设备总电源。

4）不能用手或导电物体去直接接触或探试电源插座内部。

5）实训时，要先连接好线路再接通电源。在不清楚线路是否已经接通电源的情况下，要用测电笔确认电源已经断开才能进行接线操作。

6）实训结束后，要先切断电源再拆除线路。

7）插拔电源插头时不要用力拉拽电线，以防止电线的绝缘层受到破坏而造成触电。

8）发现线头裸露或电源绝缘皮剥落与损坏等情况要及时更换新线或用绝缘胶布重新包裹好。

9）不要随意拆装实训设备电源插座、线路插头等，如有需要请在专业人士的指导下进行。

实训项目24　电工端接实训

1．工程应用

电工端接技术主要应用于多芯软线（RV线）端接、单芯硬线（BV线）端接、香蕉插头在接线柱上的端接。基本的铜接线柱如图8-40所示。

图8-40　铜接线柱

2．电工端接基本操作方法

电工端接时，使用接线柱上的铜螺栓通过2个平垫圈和1个螺母把绝缘板和导线紧固在一起。螺栓顶部有1个手动螺母。连接导线时，只需要把导线缠绕在螺杆上，然后拧紧手动螺母即可。具体操作如下。

1）多芯软线（RV线）端接。

①用电工剥线钳剥去电线两端的护套，如图8-41a所示。

②将多线芯用手沿顺时针方向拧紧成一股，如图8-41b所示。

③将软线两端分别在接线柱上缠绕1周以上，固定在接线柱中，缠绕方向为顺时针，如图8-41c所示，然后拧紧接线柱，如图8-41d所示。

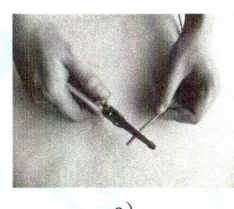
a)
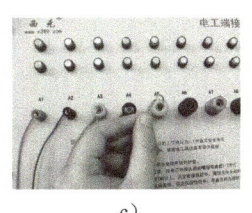
b)
c)
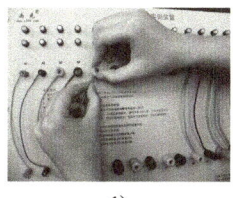
d)

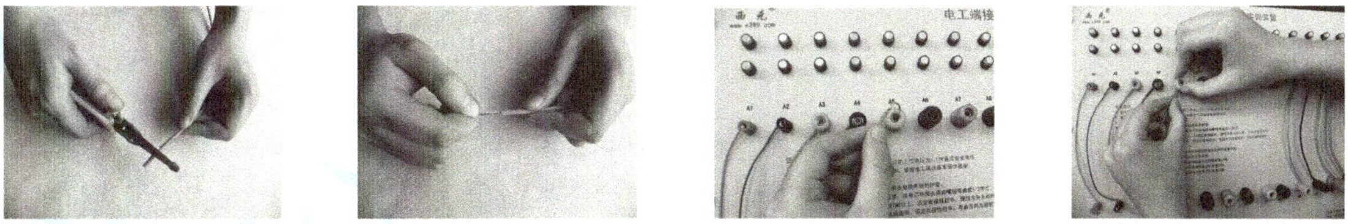

图8-41　多芯软线端接

a）剥去护套　b）拧线　c）端接　d）拧紧接线柱

2）单芯硬线（BV线）端接。

①用电工剥线钳或电工刀剥去电线两端的护套。

②用尖嘴钳弯导线接头，先将线头向左折，然后紧靠螺杆依顺时针方向向右弯即成。

③将导线接头在螺杆上弯成环状，然后拧紧接线柱。

3）香蕉插头端接。

①用电工剥线钳剥去电线两端的护套，并将多线芯用手沿顺时针方向拧紧成一股。

②拧去香蕉插头的绝缘套，将固定螺钉松动。

③将导线接头穿入香蕉插头尾部接线孔，拧紧固定螺钉，如图8-42a所示，装上绝缘套，如图8-42b所示。

④将接好的香蕉插头插入上下对应的接线柱香蕉插座中，如图8-42c所示。

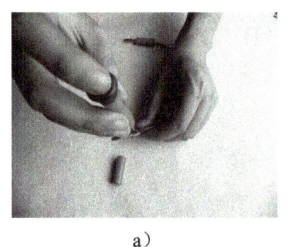   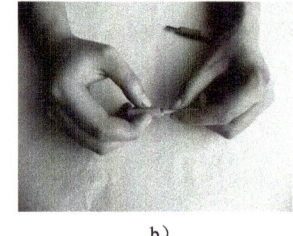   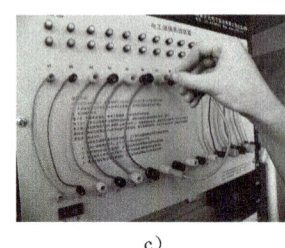

a)   b)   c)

图8-42　香蕉插头端接

a）安装香蕉插头　b）安装插头绝缘套　c）插入香蕉插座

3．电工端接实训

在电工配线端接实训装置上端接6根多芯软线（RV线），3根香蕉插头，6根单芯硬线（BV线），并且测试合格。具体要求如下。

2根RV0.2线端接，长度150mm；2根RV0.5线端接，长度150mm；2根RV0.75线端接，长度150mm；2根RV0.5香蕉插头端接，长度150mm；1根RVV2×0.5香蕉插头端接，长度150mm；2根BV1.0线端接，长度150mm；2根BV1.5线端接，长度150mm；2根BV2.5线端接，长度150mm。

1）实训工具：智能化系统工具箱（KYGJX-16）。

2）实训设备：电工配线端接实训装置（KYZNH-21）。

3）实训材料：RV0.2线0.5m、RV0.5线1m、RV0.75线0.5m、RVV2×0.5线0.25m、BV1.0线0.5m、BV1.5线0.5m、BV2.5线0.5m、香蕉插头8个。

4）实训课时：2课时。

5）实训过程：

①按照要求准备材料。

②剥开导线，按照电工端接基本操作方法进行端接。

③端接测试。

6）实训质量要求与评分表。质量要求：长度误差控制在±5mm，端接正确、牢固。评分表见表8-9。

表8-9 电工端接实训评分表

评分项目	评分细则	评分等级		得 分
电工端接和测试	每根导线5分，长度不正确（长或短5mm）直接扣除该导线分数。其中，端接正确2分、测试合格2分、两端端接牢固1分	导线1	0，1，2，3，4，5	
		导线2	0，1，2，3，4，5	
		导线3	0，1，2，3，4，5	
		导线4	0，1，2，3，4，5	
		导线5	0，1，2，3，4，5	
		导线6	0，1，2，3，4，5	
		导线7	0，1，2，3，4，5	
		导线8	0，1，2，3，4，5	
		导线9	0，1，2，3，4，5	
		导线10	0，1，2，3，4，5	
		导线11	0，1，2，3，4，5	
		导线12	0，1，2，3，4，5	
		导线13	0，1，2，3，4，5	
		导线14	0，1，2，3，4，5	
		导线15	0，1，2，3，4，5	
		导线16	0，1，2，3，4，5	
总 分				

7）实训报告，具体格式见表8-10。

表8-10 电工端接实训报告

班 级		姓 名		学 号	
课程名称					
实训名称				参考教材	
实训目的	1）掌握多芯软线（RV线）、单芯硬线（BV线）的剥线方法 2）掌握多芯软线（RV线）、单芯硬线（BV线）、香蕉插头在接线柱上的端接方法和技巧 3）掌握导线端接测试方法 4）掌握电工端接常用工具和操作技巧				
实训设备及材料					
实训过程或实训步骤					
总结报告及心得体会					

实训项目25 电工压接实训

1．工程应用

电工压接技术主要应用于接线端子排的压接。一个典型的接线端子排如图8-43所示。它的基体是黑色酚醛塑料，接线端是平板铜螺钉。部件导线连接在一边，而接口导线连接在另一边。这样的接线端子排提供了一种方便的手段，可以满足各种电气控制和终端接线的需要。

图8-43　栅板式接线端子排

2．电工压接基本操作方法

栅板式接线端子在与导线进行连接时，通常采用冷压端子连接的方式。冷压端子又称线鼻子。常用冷压端子如图8-44所示。

 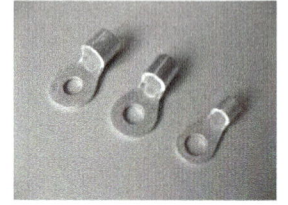 

图8-44　冷压端子

冷压端子的压接应采用专用端子网线钳的压接方式，如图8-45所示。

电工压接的具体操作步骤如下。

①用多功能剥线钳剥去电线两端的护套。

②将剥开的多芯软线用手沿顺时针方向拧紧，套上冷压端子。

③用端子网线钳将冷压端子与导线压接牢靠。

④将两端压接好冷压端子的导线接在面板上相应的接线端子中，拧紧螺钉，如图8-46所示。

 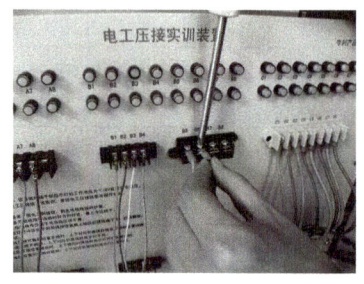

图8-45　冷压端子的压接（见彩图）　　　　图8-46　接线排压接

3．电工压接实训

在电工压接实训装置上压接4组共24根多芯软线（RV线），并且测试合格。具体要求如下。

8根RV2.5线压接UT2.5-4冷压端子，每根长度150mm；

4根RV0.5线压接UT1-3冷压端子，每根长度150mm；

4根RV1.5线压接SV2-4冷压端子，每根长度150mm；

8根RV1线压接SV1.25-3冷压端子，每根长度150mm。

1）实训工具：智能化系统工具箱（KYGJX-16）。

2）实训设备：电工配线端接实训装置（KYZNH-21）。

3）实训材料：RV0.5线2m、RV1线4m、RV1.5线2m、RV2.5线4m、非绝缘冷压端子UT1-3共8个、非绝缘冷压端子UT2.5-4共16个、绝缘冷压端子SV1.25-3共16个、绝缘冷压端子SV2-4共8个。

4）实训课时：2课时。

5）实训过程：

①按照要求准备材料。

②剥开导线，按照电工压接基本操作方法进行压接。

③压接测试。

6）实训质量要求与评分表。质量要求：长度误差控制在±5mm，端接正确、牢固。评分表见表8-11。

表8-11 电工压接实训评分表

评分项目	评分细则	评分等级		得 分
电工压接和测试	每根导线5分，长度不正确（长或短5mm）直接扣除该导线分数。其中，压接正确2分、测试合格2分、两端压接牢固1分	导线1	0, 1, 2, 3, 4, 5	
		导线2	0, 1, 2, 3, 4, 5	
		导线3	0, 1, 2, 3, 4, 5	
		导线4	0, 1, 2, 3, 4, 5	
		导线5	0, 1, 2, 3, 4, 5	
		导线6	0, 1, 2, 3, 4, 5	
		导线7	0, 1, 2, 3, 4, 5	
		导线8	0, 1, 2, 3, 4, 5	
		导线9	0, 1, 2, 3, 4, 5	
		导线10	0, 1, 2, 3, 4, 5	
		导线11	0, 1, 2, 3, 4, 5	
		导线12	0, 1, 2, 3, 4, 5	
		导线13	0, 1, 2, 3, 4, 5	
		导线14	0, 1, 2, 3, 4, 5	
		导线15	0, 1, 2, 3, 4, 5	
		导线16	0, 1, 2, 3, 4, 5	
		导线17	0, 1, 2, 3, 4, 5	
		导线18	0, 1, 2, 3, 4, 5	
		导线19	0, 1, 2, 3, 4, 5	
		导线20	0, 1, 2, 3, 4, 5	
		导线21	0, 1, 2, 3, 4, 5	
		导线22	0, 1, 2, 3, 4, 5	
		导线23	0, 1, 2, 3, 4, 5	
		导线24	0, 1, 2, 3, 4, 5	
总 分				

7）实训报告，具体格式见表8-12。

表8-12 电工压接实训报告

班　　级		姓　　名		学　　号	
课程名称				参考教材	
实训名称					
实训目的	1）掌握多芯软线（RV线）的剥线方法 2）掌握多芯软线（RV线）在栅板式接线端子排上的压接方法和技巧 3）掌握冷压端子的制作方法 4）掌握导线压接测试方法 5）掌握电工压接常用工具和操作技巧				
实训设备及材料					
实训过程或实训步骤					
总结报告及心得体会					

实训项目26　电工电子端接实训

1．工程应用

电工电子端接技术主要应用于电子PCB基板接线端子的端接。印制电路板又称印刷电路板、印刷线路板，简称印制板，英文简称PCB（Printed Circuit Board）或PWB（Printed Wiring Board），以绝缘板为基材，切成一定尺寸，附有导电图形，并布有孔（如元件孔、紧固孔、金属化孔等），用来代替以往装置电子元器件的底盘，并实现电子元器件之间的相互连接，如图8-47所示。

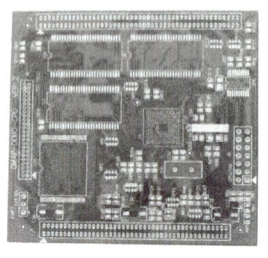

图8-47　印制电路板

2．电工电子端接操作方法

印制电路板在与外部设备进行电气连接时，常采用PCB式接线端子的方式进行连接。常见的PCB式接线端子如图8-48所示。

图8-48　PCB式接线端子

固定导线的方式通常有螺钉紧固型和弹簧夹线型。对于螺钉紧固型，剥掉导线绝缘层，将其伸入插孔，拧紧螺钉后，一个高质量的连接就完成了。在使用弹簧夹线型时把导线绝缘层剥掉，用一个小螺丝刀插入插座释放孔，再将导线插入插孔即可。具体操作步骤如下：

①用剥线钳剥去线缆绝缘皮，露出长度合适的线芯。
②将多股软线用手沿顺时针方向拧紧。
③用电烙铁给线芯搪锡。
④端接的方法如下。
a）螺钉式端接方法。将线芯插入接线孔内，拧紧螺钉，如图8-49a所示。
b）免螺钉式端接方法。首先用一字螺丝刀将压扣开关按下，把线芯插入接线孔中，然后松开压扣开关即可，如图8-49b所示。

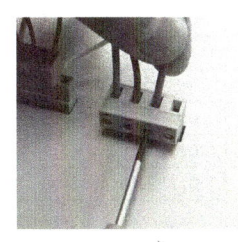
a)
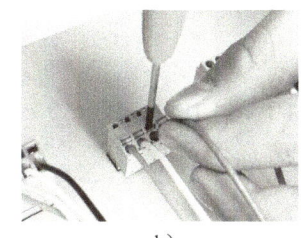
b)

图8-49　PCB式接线端子端接方法（见彩图）
a）螺钉式端接　b）免螺钉式端接

3．电工电子端接实训

在电工电子端接实训装置上端接8组共32根多芯软线（RV线），并且测试合格。具体要求如下。

8根RV0.2线端接，每根长度150mm；
16根RV0.5线端接，每根长度150mm；
8根RV0.75线端接，每根长度150mm。

1）实训工具：智能化系统工具箱（KYGJX-16）。
2）实训设备：电工配线端接实训装置（KYZNH-21）。
3）实训材料：RV0.2线2m、RV0.5线4m、RV0.75线2m。
4）实训课时：2课时。
5）实训过程：
①按照要求准备材料。
②剥开导线，按照电工电子端接基本操作方法进行端接。
③端接测试。
6）实训质量要求与评分表。质量要求：长度误差控制在±5mm，端接正确、牢固。评分表见表8-13。

表8-13　电工电子端接实训评分表

评分项目	评分细则		评分等级	得　分
电工电子端接和测试	每根导线5分，长度不正确（长或短5mm）直接扣除该导线分数。其中，端接正确2分、测试合格2分、两端端接牢固1分	导线1	0，1，2，3，4，5	
		导线2	0，1，2，3，4，5	
		导线3	0，1，2，3，4，5	

(续)

评分项目	评分细则		评分等级	得分
电工电子端接和测试	每根导线5分，长度不正确（长或短5mm）直接扣除该导线分数。其中，端接正确2分、测试合格2分、两端端接牢固1分	导线4	0, 1, 2, 3, 4, 5	
		导线5	0, 1, 2, 3, 4, 5	
		导线6	0, 1, 2, 3, 4, 5	
		导线7	0, 1, 2, 3, 4, 5	
		导线8	0, 1, 2, 3, 4, 5	
		导线9	0, 1, 2, 3, 4, 5	
		导线10	0, 1, 2, 3, 4, 5	
		导线11	0, 1, 2, 3, 4, 5	
		导线12	0, 1, 2, 3, 4, 5	
		导线13	0, 1, 2, 3, 4, 5	
		导线14	0, 1, 2, 3, 4, 5	
		导线15	0, 1, 2, 3, 4, 5	
		导线16	0, 1, 2, 3, 4, 5	
		导线17	0, 1, 2, 3, 4, 5	
		导线18	0, 1, 2, 3, 4, 5	
		导线19	0, 1, 2, 3, 4, 5	
		导线20	0, 1, 2, 3, 4, 5	
		导线21	0, 1, 2, 3, 4, 5	
		导线22	0, 1, 2, 3, 4, 5	
		导线23	0, 1, 2, 3, 4, 5	
		导线24	0, 1, 2, 3, 4, 5	
		导线25	0, 1, 2, 3, 4, 5	
		导线26	0, 1, 2, 3, 4, 5	
		导线27	0, 1, 2, 3, 4, 5	
		导线28	0, 1, 2, 3, 4, 5	
		导线29	0, 1, 2, 3, 4, 5	
		导线30	0, 1, 2, 3, 4, 5	
		导线31	0, 1, 2, 3, 4, 5	
		导线32	0, 1, 2, 3, 4, 5	
总　分				

7）实训报告，具体格式见表8-14。

表8-14　电工电子端接实训报告

班　级		姓　名		学　号	
课程名称				参考教材	
实训名称					
实训目的	1）掌握多芯软线（RV线）的剥线方法 2）掌握多芯软线（RV线）在PCB基板上的端接方法和技巧 3）掌握导线端接测试方法 4）掌握电工端接常用工具和操作技巧				
实训设备及材料					
实训过程或实训步骤					
总结报告及心得体会					

实训项目27　音视频线制作与测试实训

1. 工程应用

音视频端接技术主要应用于音视频设备的连线端接，例如，视频监控系统、智能广播系统中设备的连接。

2. 音视频端接操作方法

在各类音视频信号传输时最常用2种音视频传输接头：BNC接头和RCA接头。音视频接头如图8-50所示。

图8-50　音视频接头
a）BNC接头　b）RCA接头

1）BNC接头。BNC（Bayonet Nut Connector，刺刀螺母连接器）接头是一种用于同轴电缆的连接器，又称为British Naval Connector（英国海军连接器）或Bayonet Neill Conselman（Neill Conselman刺刀，这种接头是一个名叫Neill Conselman的人发明的）。BNC接口即常说的细同轴电缆接口。

BNC接头分为焊式和免焊式2种。焊式顾名思义就是用烙铁和焊锡固定，这个是目前国内使用较为普遍的形式。焊接按外形分类又可以分为英式和美式2种；按材质又可以分为包芯、锌合金和铜的。免焊式有多种，其中1种是用螺钉扭紧，就是中间轴线接线带有个螺钉，用于快速连接。

2）RCA端子。RCA是莲花插座的英文缩写，是标准视频输入接口，也称AV接口。

RCA可以用在音频，也可以用在普通的视频信号，也是DVD分量（YCrCb）的插座。

RCA端子采用同轴传输信号的方式，中轴用来传输信号，外沿一圈的接触层用来接地，可以用来传输数字音频信号和模拟视频信号。RCA音频端子一般成对地用不同颜色标注，右声道用红色（或者用字母"R"表示"右"），左声道用黑色或白色。一般来讲，RCA立体声音频线都是左右声道为一组，每声道外观上是一根线。

通常都是成对的白色的音频接口和黄色的视频接口。采用RCA进行连接时只需要将带莲花头的标准AV线缆与相应的接口连接起来即可。

3）音视频线制作，具体操作步骤如下。

① 将接头尾套、弹簧和绝缘套穿入线缆中。
② 用剥线器剥去线缆外护套，保留屏蔽网。
③ 将屏蔽网整理到一侧，同时拧成一股。

④用剥线钳剥去绝缘皮，露出合适的线芯长度。
⑤先将线芯插入探针孔中，然后焊接牢固，如图8-51所示。
⑥将拧成一股的屏蔽网穿入线夹孔中焊接。
⑦用尖嘴钳把线夹与绝缘皮夹紧。
⑧将绝缘套移到焊接位置，然后拧紧尾套。

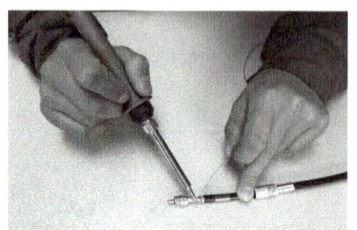
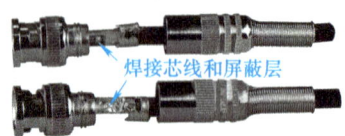

图8-51 音视频接头的焊接（见彩图）

3．音视频端接实训

在音视频线制作与测试实训装置上端接12根音视频线，并且测试合格。
具体要求如下。
4根SYV75-5音频线端接，每根长度400mm；
4根SYV75-3视频线端接，每根长度400mm；
4根SYV75-5视频线端接，每根长度400mm；

1）实训工具：智能化系统工具箱（KYGJX-16）。
2）实训设备：电工配线端接实训装置（KYZNH-21）。
3）实训材料：SYV75-3线2.5m、SYV75-5线5m、BNC接头16个、RCA接头8个。
4）实训课时：2课时。
5）实训过程：
①按照要求准备材料。
②剥开导线，按照音视频端接基本操作方法进行端接。
③端接测试，如图8-52所示。

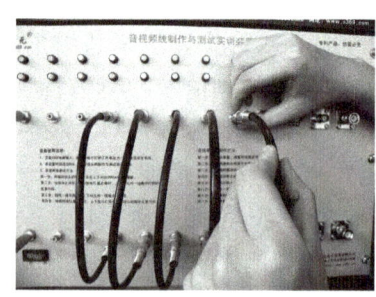

图8-52 音视频线的测试

6）实训质量要求与评分表。质量要求：长度误差控制在±5mm，端接正确、牢固。评分表见表8-15。

表8-15 音视频线制作与测试实训评分表

评分项目	评分细则		评分等级	得分
音视频线制作与测试	每根导线5分，长度不正确（长或短5mm）直接扣除该导线分数。其中，端接正确2分、测试合格2分、两端端接牢固1分	导线1	0, 1, 2, 3, 4, 5	
		导线2	0, 1, 2, 3, 4, 5	
		导线3	0, 1, 2, 3, 4, 5	
		导线4	0, 1, 2, 3, 4, 5	
		导线5	0, 1, 2, 3, 4, 5	
		导线6	0, 1, 2, 3, 4, 5	
		导线7	0, 1, 2, 3, 4, 5	
		导线8	0, 1, 2, 3, 4, 5	
		导线9	0, 1, 2, 3, 4, 5	
		导线10	0, 1, 2, 3, 4, 5	
		导线11	0, 1, 2, 3, 4, 5	
		导线12	0, 1, 2, 3, 4, 5	
总 分				

7）实训报告，具体格式见表8-16。

表8-16 音视频线制作与测试实训报告

班 级		姓 名		学 号	
课程名称				参考教材	
实训名称					
实训目的	1）掌握音视频线的剥线方法 2）掌握BNC接头和RCA接头的端接方法和技巧 3）掌握导线端接测试方法 4）掌握电工端接常用工具和操作技巧				
实训设备及材料					
实训过程或实训步骤					
总结报告及心得体会					

实训单元9

综合实训

综合实训涉及丰富的专业技术知识与专门技能，也要使用较多的专业实训设备和工具与器材，以及评分评判标准等，请参考本书配套的《网络综合布线系统工程技术实训教程 第5版》，该书由王公儒主编，机械工业出版社出版，封面和书号详见本书封底。

实训项目28　网络跳线制作实训

两人1组，每组1套综合布线类工具箱，1m网线，4个RJ-45水晶头。

每人现场制作1根超5类非屏蔽网络跳线，长度400mm，568B线序，在网络配线实训装置上进行测试。

要求长度误差在±5mm以内，线序端接正确，压接护套到位，剪掉牵引线，测试合格。

具体实训操作方法、测试与评分表等详见实训项目12。

实训项目29　测试链路端接实训

两人1组，每组1套综合布线类工具箱，3m网线，6个RJ-45水晶头，2个5对通信连接块。

在网络配线实训装置上，每人完成1组测试链路端接，路由和端接位置如图9-1所示。每组链路有3根跳线，端接6次，每组链路路由为：1号跳线从仪器RJ-45口→配线架RJ-45口；2号跳线从配线架网络模块→通信跳线架模块下层；3号跳线从通信跳线架模块上层→仪器RJ-45口。

要求链路正确，跳线长度合适，拆开线对长度合适，线序端接正确，剪掉牵引线。

具体实训操作方法、测试与评分表等详见实训项目13。

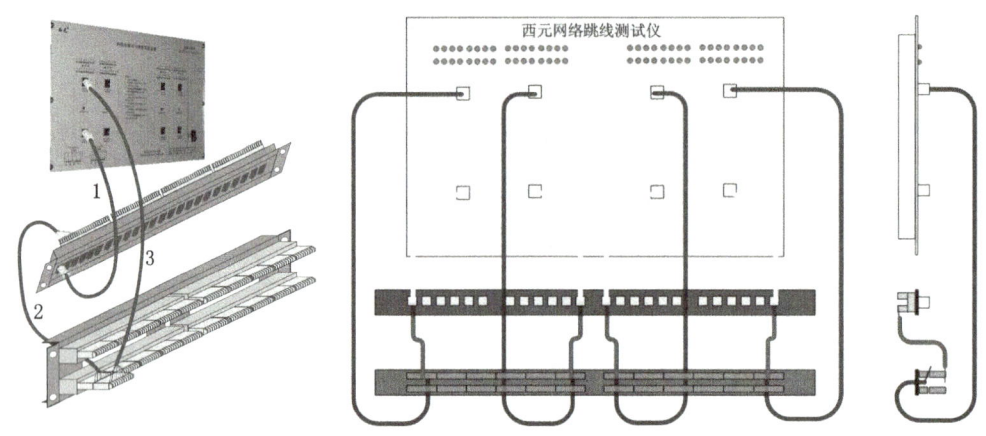

图9-1　测试链路的路由示意图

实训项目30　复杂永久链路端接实训

两人1组，每组1套综合布线类工具箱，3m网线，2个RJ-45水晶头，2个5对通信连接块。

在西元实训装置上，每人完成1组复杂链路布线和端接，路由和端接位置如图9-2所示。每组链路有3根跳线，端接6次，每组链路路由为：1号跳线仪从仪器面板通信跳线架下排模块→配线架RJ-45口；2号跳线从配线架网络模块→通信跳线架模块下层；3号跳线从通信跳线架模块上层→仪器面板通信跳线架上排模块。

要求链路正确，跳线长度合适，拆开线对长度合适，线序端接正确，剪掉牵引线。

具体实训操作方法、测试与评分表等详见实训项目14。

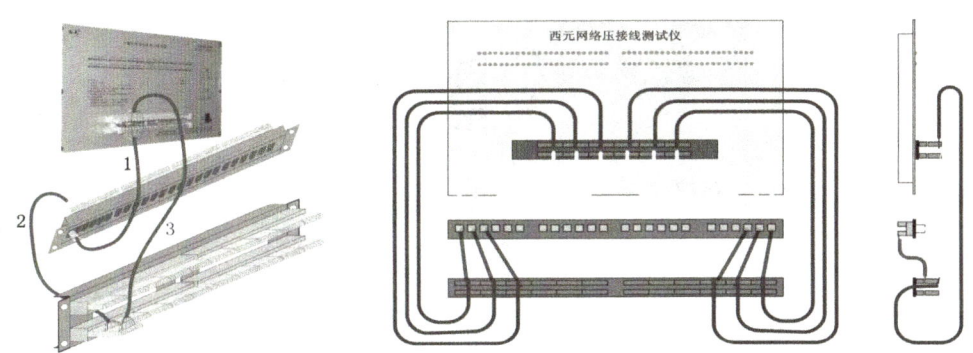

图9-2　复杂链路的路由示意图

实训项目31　光纤熔接实训

两人1组，每组1套光纤工具箱，2段光缆，1台光纤熔接机（每人10min，轮换实训）。

使用光纤熔接机，如图9-3所示，每人完成2次光纤熔接，要求损耗不超过0.05dB。

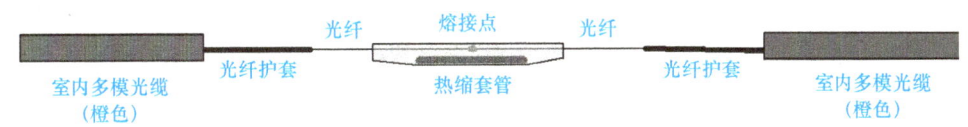

图9-3　光纤熔接示意图

光纤熔接主要步骤如图9-4所示，步骤如下：

1）准备相关材料、工具。准备光缆、光纤热缩套管、无水酒精、工具、光纤熔接机、光纤切割刀等。

2）开剥光缆。在剥光缆之前应去除受损变形的部分，剥去白色保护套长度为15cm左右。

3）刮去光纤涂覆层。用光纤剥线钳的最细小的口轻轻地夹住光纤，缓缓地抽出剥线钳，将光纤上的树脂涂覆层刮下。

4）清洁光纤。用酒精棉球，沾无水酒精对剥掉树脂涂覆层的裸纤进行清洁。

5）安装热缩套管。将热缩套管套在一根待熔接光纤上，熔接后保护接点用。

6）制作光纤端面。用光纤切割刀将裸光纤切去一段，保留裸纤12～16mm。

7）安放光纤。分别打开光纤大压板将切好端面的光纤放入V形载纤槽，光纤端面不能触到V形载纤槽底部。

8）熔接光纤。盖下防风罩，则熔接机进入"请按键，继续"操作界面，按"RUN"键，完成熔接。

9）观察熔接质量。完成熔接后，显示屏幕上显示损耗估算值。

10）加热热缩套管。将加热器的盖板打开，将热缩套管放入加热器中，按压<HEAT>键，加热指示灯亮，即开始给热缩套管加热。

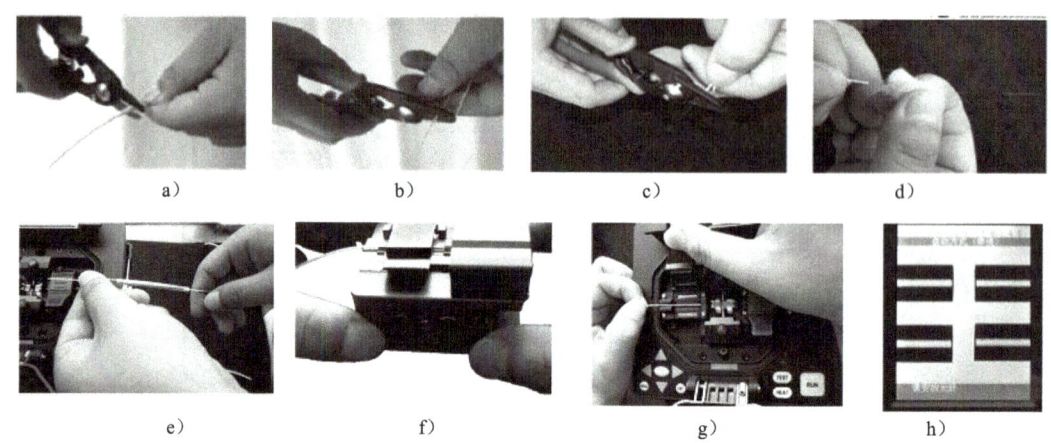

图9-4 光纤熔接主要步骤

a）剥去光缆护套 b）剥去白色保护套 c）刮去光纤涂覆层 d）清洁光纤
e）安装热缩套管 f）切割光纤 g）放入V形载纤槽 h）熔接

具体实训操作方法、测试与评分表等详见实训项目15。

实训项目32　配线子系统线管和线槽安装实训

两人1组，每组1套综合布线类工具箱，12m网络双绞线，2根φ20PVC管，2根20×10mmPVC线槽，1根39×18mmPVC线槽，7个φ20PVC管卡，5个φ20PVC管直接，3个20×10mm弯头，1个20×10mm阴角，5个明装底盒，5个单口网络面板，5个RJ-45模块（注：每根管槽长度1.75m）。完成配线子系统布线和安装，实训图如图9-5所示。

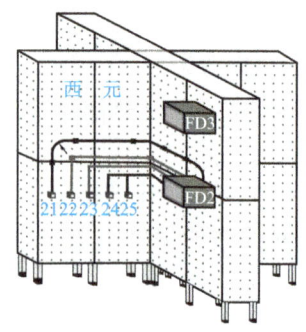

图9-5 配线子系统安装布线实训图

共计5个配线子系统，包括线槽/管安装、布线、网络底盒与面板安装、模块和配线架端接。

具体要求如下。

1）21号插座路由：使用φ20PVC管，用弯管器自制3个弯头，端接在RJ-45配线架1口位置。

2）22号插座路由：使用φ20PVC管，用2个成品弯头和铜缆端接在RJ-45配线架2口位置。

3）23号插座路由：使用20×10mmPVC线槽，用1个成品弯头、1个阴角和铜缆端接在RJ-45配线架3口位置。

4）24和25号插座路由：使用39×18mmPVC线槽，用1个自制弯头、1个阴角和铜缆分别端接在RJ-45配线架4、5口位置。

主要安装步骤如下：

1）准备实训材料和工具。

2）安装明装底盒。

3）完成线管、线槽的安装。

4）按照实训要求完成布线和配线架端接。

5）完成信息模块端接和安装。

6）完成网络面板的安装和标记。

弯管器的使用方法如图9-6所示，步骤如下：

1）将与管规格相配套的弯管器插入管内，并且插入需要弯曲的部位，如果线管长度大于弯管器，可用铁丝拴牢弯管器的一端，拉到合适的位置。

2）用两手抓住线管弯曲位置，用力弯线管或使用膝盖顶住被弯曲部位，逐渐煨出所需要的弯度。

注意：不能用力过快过猛，以免PVC管发生撕裂损坏。

3）取出弯管器。

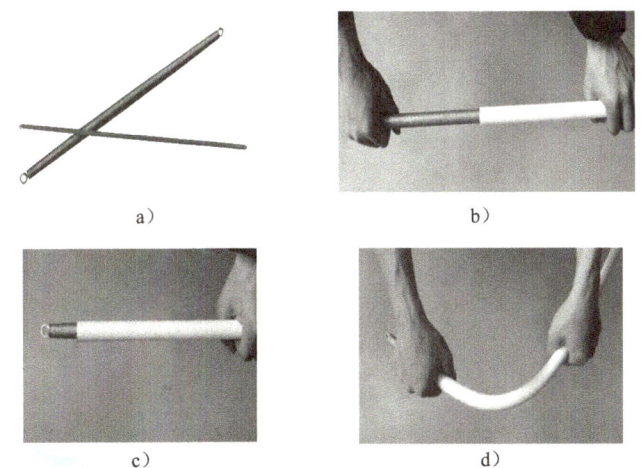

图9-6 弯管器的使用方法
a）弯管器 b）放入弯管器 c）弯管器到位 d）弯管

具体实训操作方法、测试与评分表等详见实训项目17、18、19。

实训项目33 电工配线端接实训

1．材料及工具准备

每组1套智能化系统工具箱。每人使用材料量为：

RV0.2线0.5m、RV0.5线0.5m、BV1线0.3m；SYV75-3线0.5m、SYV75-5线0.5m；香蕉插头2个、BNC接头2个、RCA接头2个、非绝缘冷压端子UT1-3共2个、绝缘冷压端子SV1.25-3共2个。

2．实训内容

4人1组，每个人在电工配线端接实训装置上进行如下导线的端接和测试：

1）1根RV0.2线接线柱端接，长度150mm。
2）1根RV0.5香蕉插头端接，长度150mm。
3）1根BV1线接线柱端接，长度150mm。
4）1根RV0.5线接线排非绝缘冷压端子UT1-3压接，每根长度150mm。
5）1根RV1线接线排绝缘冷压端子SV1.25-3压接，每根长度150mm。
6）1根RV0.2线PCB基板端接，每根长度150mm。
7）1根SYV75-5音频线RCA接头端接，每根长度400mm。
8）1根SYV75-3视频线BNC接头端接，每根长度400mm。

3．实训质量要求

长度误差在±5mm以内，端接正确、牢固，测试合格。

具体实训操作方法、测试与评分表等详见实训项目24、25、26、27。

参 考 文 献

[1] 中华人民共和国信息产业部．综合布线系统工程设计规范：GB 50311—2016[S]．北京：中国计划出版社，2016．

[2] 中华人民共和国信息产业部．综合布线系统工程验收规范：GB/T 50312—2016[S]．北京：中国计划出版社，2016．

[3] 黎连业．网络综合布线系统与施工技术[M]．3版．北京：机械工业出版社，2007．

[4] 王公儒．综合布线工程实用技术[M]．北京：中国铁道出版社，2011．

[5] 王公儒．网络综合布线系统工程技术实训教程[M]．5版．北京：机械工业出版社，2024．

[6] 王公儒．建设完善的综合布线技术实训室培养技能型专业人才[J]．智能建筑与城市信息，2009（4）：88-90．

[7] 王公儒．综合布线系统工程设计教学方法探索[J]．计算机教育，2011（23）：90-93．